中国工人安全五者论

简　新◎著

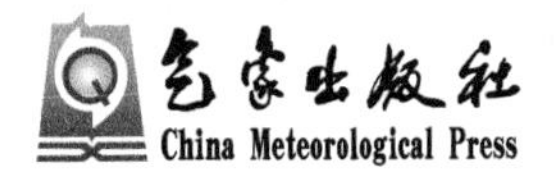

内容简介

本书是一部专门论述中国工人安全生产定位的著作。

书中论述了在风险社会、风险企业、风险生产的背景下，中国工人在安全生产工作中的五种角色和定位——安全规律遵行者、安全规则执行者、安全职责履行者、安全道德践行者、安全科学探索先行者。书中明确指出，抓好中国安全生产工作、从根本上解决安全生产水平低下的问题，就必须坚持以人为本，提升整个中国工人队伍的安全素养，使每个中国工人都当好“五者”；同时积极实施“安全能力倍增计划”，用10年时间将中国工人的安全生产能力提高一倍。

针对抓好安全生产这一重大课题，本书从“中国工人安全生产定位”这一全新角度出发，提出了新的思路、对策和方略，对提高中国工人队伍安全素质、提高中国企业安全水平具有重大而现实的指导意义。

图书在版编目（CIP）数据

中国工人安全五者论 / 简新著. -- 北京 : 气象出版社, 2020.12
ISBN 978-7-5029-7377-3

Ⅰ. ①中… Ⅱ. ①简… Ⅲ. ①安全生产－研究－中国
Ⅳ. ①X93

中国版本图书馆CIP数据核字(2020)第268415号

Zhongguo Gongren Anquan Wu Zhe Lun
中国工人安全五者论

出版发行：气象出版社
地　　址：北京市海淀区中关村南大街46号　　邮政编码：100081
电　　话：010-68407112(总编室)　010-68408042(发行部)
网　　址：http://www.qxcbs.com　　E-mail：qxcbs@cma.gov.cn
责任编辑：张盼娟　彭淑凡　　终　　审：吴晓鹏
责任校对：张硕杰　　责任技编：赵相宁
封面设计：地大彩印设计中心
印　　刷：北京中石油彩色印刷有限责任公司
开　　本：850 mm×1168 mm　1/32　　印　　张：7.5
字　　数：202千字
版　　次：2020年12月第1版　　印　　次：2020年12月第1次印刷
定　　价：30.00元

争当安全五者
推进安全事业

（自序）

中国是社会主义国家，推进中国社会主义现代化建设就必须抓好社会主义安全生产事业，为此必须深刻认识社会主义安全生产的重要作用，也就是“八完”功效——机器设备的完备、现场管理的完善、指标任务的完成、形象声誉的完美、社会责任的完全、人际关系的完好、生命健康的完整、幸福生活的完满。

当前中国正处在工业化、城镇化持续推进过程中，中国发展不平衡不充分的一些问题尚未解决，社会发展与经济发展速度不协调的状况依然存在，虽然2019年全国安全生产形势总体保持稳定态势，但各类事故隐患和安全风险交织叠加，各种安全事故给国家发展建设带来阻碍，给人民安全健康带来威胁，给社会和谐稳定带来破坏，给中国国际形象带来损害。

在当今风险社会和风险企业，广大工人已经成为风险工人，成为安全风险的直接承载者、安全事故的直接承受者、安全责任的直接承担者，当然也就成为各种危险和有害因素的面对者和化解者。面对风险社会、风险企业和风险生产，中国工人要维护好生命安全和身体健康权益，就必须当好“五者”——安全生产规律的遵行者、安全生产规则的执行者、安全生产职责的履行者、安全生产道德的践行者、安全生产科学探索的先行者。

如何预防安全事故和减轻事故损失，是困扰当今世界的一个重大难题。

1997年，联合国秘书长安南发表的《职业卫生与安全——一项全球、国际和国家议事日程中的优先任务》指出：据估计，每年全世界共发生2.5亿起事故，导致33万人死亡。另外，有1.6亿工人罹患本可避免的各种职业病，而为数更多的工人，其身心健康和福利状况受到各种威胁。这些职业性伤病所造成的经济损失，相当于全球国民经济产值的4%；至于由此所导致家破人亡和社区破坏而带来的损失，则难以计数。

2016年9月27日，第八届中国国际安全生产论坛在北京举行，国际劳工组织副总干事黛博拉·格林菲尔德指出：根据国际劳工组织估计，每年全球因职业病死亡的人数高达200万，因工伤事故死亡人数为35万，共235万人。每年工伤事故与职业病的经济损失约占全球GDP的4%，相当于3万亿美元，对世界经济造成了严重影响。

安全生产无国界，在经济全球化的时代背景下更是如此。生产安全事故所造成的巨大损失，不仅仅是某个国家或地区的，而是世界各国共同的损失，其中也包括中国；中国作为生产大国，企业职工更有责任和义务在安全生产领域有所作为，一方面提高中国安全生产工作水平，另一方面为提高世界安全生产水平做出贡献。

要有效预防安全事故和减轻事故损失，必须坚持以人为本，大力提升工人的安全生产意识和能力，不断提高工人的安全生产觉悟和动力，这是解决这一世界性难题的根本方法。因此，中国工人应该争当“五者”，积极实施“安全能力倍增计划”，用10年时间，将中国工人的安全生产能力提高一倍，从整体上提高中国安全生产水平和安全文明程度，使中国经济社会发展走出一条生产发展、生活富裕、生态良好、生命安全的“四生”发展之路，走出一条低生命代价、低财富代价、低资源代价、低环境代价的“四低”发展之路。这既是中国工人的崇高使命，也是每个工人的光荣职责。

简　新

2020年11月5日

目　录

绪 论

工人是生产资料的主人，是企业发展的主人。正是中国广大工人的辛勤劳动，生产出了无数产品，创造出了无数财富，才使中国在短短几十年间从一个传统的农业大国转变为现代工业大国。1952年，中国第一、二、三产业增加值占国内生产总值的比例分别为51%、20.9%和28.1%。针对工业发展落后的现状，中国确立了优先发展工业的战略，发挥工人的强大力量，推动了工业的快速发展，工业比重迅速提高。1978年，中国三项产业比重调整为28.2∶47.9∶23.9，第二产业的比重大幅度提高。改革开放以来，中国积极承接国际产业转移，工业化发展不断深入，工业实力和竞争力进一步增强，“中国制造”享誉全球。根据世界银行的统计数据，中国制造业增加值占世界的比重超过20%，中国用70年时间实现了落后的农业国到世界制造大国的历史性跨越，几乎走完了西方发达国家200多年的工业化历程。

伴随着工业化、城镇化的深入推进，中国服务业呈现出蓬勃发展的良好势头。2013年，第三产业增加值占国内生产总值的比重达到46.1%，比第二产业的比重高2.2个百分点，标志着中国经济发展进入由工业主导型经济向服务业主导型经济转变的新阶段。

无论是工业还是服务业，工人都是生产产品、创造财富、提供服务、创造价值的劳动者，是劳动的主体，在经济社会持续发展中起到了主要作用，做出了杰出贡献。正如邓小平同志1978年10月11日在中国工会第九次全国代表大会上所指出的：“工人阶级最重要的特点之一就是同社会化的大生产相联系，因此它的觉悟最高，纪律性最强，能在现时代的经济进步和社会政治进步中起领导作用。”（中共中央文献编辑委员会，1994）

然而，工人在生产产品、创造财富、提供服务、创造价值、推动中国经济社会持续健康发展的同时，却又年复一年、日复一日地承受着巨大的工业灾害——生产安全事故和职业危害的伤害，轻则受伤致残、健康受损，重则导致死亡、生命消逝，这是十分不公平的，也是不能被接受的。这种不公平、不合理状况的长期、普遍、大量存在，会严重危害工人的根本利益，必须举全社会之力尽快加以扭转。

关心工人的安全健康，努力减少和防止生产劳动中的各种事故，是中国共产党和人民政府全心全意为人民服务的体现，也是几十年来的光荣传统，早在 1949 年之前，劳工保护、劳动保护就已在广大工人当中逐步开展起来。

1941 年 11 月 1 日公布，此后又于 1942 年 2 月和 1943 年 9 月修正的《晋冀鲁豫劳工保护暂行条例》第二十条规定：工厂、矿场应切实注意清洁卫生，如工作有碍工人健康及安全者，须有必要之卫生防护设备。第二十二条规定：工人因工作致伤，除工资照发外，其治疗费应全部由资方担负。

1942 年，由陕甘宁边区政府颁布的《陕甘宁边区劳动保护条例（草案）》第一条规定：本条例为保护工人、提高工人热忱、发展战时生产而制定之。第十七条规定：凡工作特别劳苦，或笨重，或有害工人身体健康以及需要在地下工作者，均不得雇用妇女及未满十八岁者从事工作。第三十五条规定：各企业各机关必须采用适当的设备，以消灭或减轻工人之危险及预防危险之事件发生，并保持工作内之卫生。第三十六条规定：当地主管机关，应对各企业时常检查，凡发现其建筑设备损坏至有立即危害工人身体健康或生命之可能程度，得命令该企业立即停工修理。

1949 年 9 月，《中国人民政治协商会议共同纲领》第三十二条规定:实行工矿检查制度,以改进工矿的安全和卫生设备。

1949 年以后,人民成为国家的主人,更有责任和条件保护好广大劳动者,安全生产和职业危害防治工作得到了党和国家的高度重视。1949 年 11 月,中央人民政府燃料工业部召开第一次煤矿工作会议就明确提出了“安全第一”的方针,指出:在职工中开展安全教育,树立安全第一的思想,尽可能防止重大事故的发生,做到安全生产。

1956 年 5 月,国务院颁布《工厂安全卫生规程》《建筑安装工程安全技术规程》和《工人职业伤亡事故报告规程》,并在颁布这些规程的决议中指出:改善劳动条件,保护劳动者在生产中的安全和健康,是我们国家的一项重要政策,也是社会主义企业管理的基本原则之一。

1963 年,国务院颁布的《关于加强企业生产中安全工作的几项规定》指出:做好安全管理工作,确保安全生产,不仅是企业开展正常生产活动中所必须,而且也是一项重要的政治任务。

1978 年,中共中央印发的《关于认真做好劳动保护工作的通知》指出:加强劳动保护工作,搞好安全生产,保护职工的安全和健康,是我们党的一贯方针,是社会主义企业管理的一项基本原则。

1980 年 4 月,国务院批准 6 月为全国安全月,广泛开展安全生产活动,同时确定以后每年 6 月持续进行这项活动。

1985 年 1 月,全国安全生产委员会成立并召开第一次会议。全国安全生产委员会的任务是在国务院领导下研究、统筹、协调、指导关系全局的重大安全生产问题,具体工作由各部门分别管理。

2004 年 1 月 9 日,国务院印发的《关于进一步加强安全生产工作的通知》明确指出:安全生产关系人民群众的生命财产安全,关系改革发展和社会稳定大局;做好安全生产工作是全面建设小康社会、统筹经济社会全面发展的重要内容,是实施可持续发展战略的组成部分,是政府履行社会管理和市场监管职能的基本任务,是企业生存发展的基本要求。通知还确定了中国安全生产工作的奋斗目标：到2020年，中国安全生产状况实现根本性好转，亿元国内生产总值死亡率、十万人死亡率等指标达到或者接近世界中等发达国家水平。

2005年10月，党的十六届五中全会通过的《中共中央关于制定国民经济和社会发展第十一个五年规划的建议》指出，坚持节约发展、清洁发展、安全发展，实现可持续发展。把安全发展作为一个重要理念纳入中国社会主义现代化建设的总体战略，这是全党对科学发展观认识的进一步深化，同时也是对安全工作的重视和加强。

2006年1月，温家宝同志在全国安全生产工作会议上指出：搞好安全生产工作是各级政府的重要职责；我们必须树立正确的政绩观，抓经济发展是政绩，抓安全生产也是政绩；不搞好安全生产，就没有全面履行职责。各地、各部门和企业一定要以对人民群众高度负责的精神，努力做好安全生产工作。

2006年3月，胡锦涛同志在中共中央政治局第30次集体学习时指出：高度重视和切实抓好安全生产工作，是坚持立党为公、执政为民的必然要求，是贯彻落实科学发展观的必然要求，是实现好、维护好、发展好最广大人民的根本利益的必然要求，也是构建社会主义和谐社会的必然要求。各级党委和政府要牢固树立以人为本的观念，关注安全，关爱生命，进一步认识做好安全生产工作的极端重要性，坚持不懈地把安全生产工作抓细抓实抓好。

胡锦涛同志特别强调，人的生命是宝贵的，中国是社会主义国家，我们的发展不能以牺牲精神文明为代价，不能以牺牲生态环境为代价，更不能以牺牲人的生命为代价。重特大安全事故给人民群众生命财产造成了重大损失，我们一定要痛定思痛，深刻吸取血的教训，切实加大安全生产工作的力度，坚决遏制住重特大事故频发的势头。

2011年11月26日，国务院印发的《关于坚持科学发展安全发展 促进安全生产形势持续稳定好转的意见》指出：安全生产事关人民群众生命财产安全,事关改革开放、经济发展和社会稳定大局,事关党和政府形象和声誉。

2015 年 8 月 15 日,习近平同志对安全生产工作作出批示:各级党委和政府要牢固树立安全发展理念,坚持人民利益至上,始终把安全生产放在首位,自觉维护人民群众生命财产安全;要坚决落实安全生产责任制,真正做到党政同责、一岗双责、失职追责。

2016 年 12 月 9 日,中共中央、国务院印发的《关于推进安全生产领域改革发展的意见》指出:安全生产是关系人民群众生命财产安全的大事,是经济社会协调发展的标志,是党和政府对人民利益高度负责的要求。

尽管党和国家对安全生产工作高度重视,先后明确制定了中国安全生产工作的方针、体制、机制,并在不同时期针对当时全国安全生产形势制定下发了重要安全生产文件,召开了重要安全生产会议,开展了重要安全生产活动,但时至今日,由于各种深层次因素的影响,多年来中国安全生产事故总量仍然很大。

《安全生产"十二五"规划》在分析全国安全生产形势时做出四个方面的判断:一是安全生产形势依然严峻,事故总量仍然很大,重特大事故时有发生,职业危害严重,2010 年发生各类事故 36.3 万起,死亡 7.9 万人,发生重特大事故 85 起,尘肺病、职业中毒等职业病发病率居高不下,群体性职业危害事故高发;二是安全生产基础依然薄弱,安全保障面临严峻考验;三是安全生产监管监察及应急救援能力亟待提升;四是保障广大人民群众安全健康权益面临繁重任务。

2017 年 1 月 12 日,国务院办公厅印发的《安全生产"十三五"规划》指出:"十三五"时期,我国仍处于新型工业化、城镇化持续推进的过程中,安全生产工作面临许多挑战。一是经济社会发展、城乡和区域发展不平衡,安全监管体制机制不完善,全社会安全意识、法治意识不强等深层次问题没有得到根本解决。二是生产经营规模不断扩大,矿山、化工等高危行业比重大,落后工艺、技术、装备和产能大量存在，各类事故隐患和安全风险交织叠加，安全生产基础依然薄弱。三是城市规模日益扩大，结构日趋复杂，城市建设、轨道交通、油气输送管道、危旧房屋、玻璃幕墙、电梯设备以及人员密集场所等安全风险突出，城市安全管理难度增大。四是传统和新型生产经营方式并存，新工艺、新装备、新材料、新技术广泛应用，新业态大量涌现，增加了事故成因的数量，复合型事故有所增多，重特大事故由传统高危行业领域向其他行业领域蔓延。五是安全监管监察能力与经济社会发展不相适应，企业主体责任不落实、监管环节有漏洞、法律法规不健全、执法监督不到位等问题依然突出，安全监管执法的规范化、权威性亟待增强。

面对一系列矛盾和挑战，以及中国处于社会主义初级阶段，生产力水平不高，导致中国安全生产工作也处于初级阶段，正处于生产事故高峰期、交通事故高发期、火灾事故高危期“三期叠加”的特殊历史阶段，这种状况的直接后果，就是广大劳动者特别是工人的生命安全和身体健康遭受重大伤害，整个工人阶级的根本利益受到巨大损害，这从一些安全事故和全国发生的一次死亡 100 人及其以上的超大事故中就可以看出来。

2017 年 6 月，山东省安全生产监督管理局从近年来已经批复结案的较大及其以上安全事故中选取了 87 个典型案例，编印了《山东省较大及以上生产安全事故典型案例汇编》，包括道路交通和水上交通事故案例 18 个，建筑业事故案例 24 个，危险化学品事故案例 13 个，金属非金属矿事故案例 5 个，烟花爆竹事故案例 1 个，工商贸事故案例 22 个，以及其他事故案例 4 个。下面分别以山东省和黑龙江省的情况为例进行分析。

2013 年 5 月 20 日，山东省章丘市保利民爆济南科技有限公司乳化震源药柱生产车间发生爆炸事故，造成 33 人死亡，19 人受伤，直接经济损失 6600 万元。

2013 年 5 月 23 日，山东省济南市章丘埠东黏土矿发生重大透水事故，造成 9 人死亡，1 人失踪，直接经济损失 1046 万元。

2013 年 10 月 8 日，山东省博兴县诚力供气有限公司焦化装置的煤气柜在生产运行过程中发生重大爆炸事故，造成 10 人死亡，33 人受伤，直接经济损失 3200 万元。

2013 年 10 月 14 日，鲁牟渔 62665 船在牟平区一渔业队落网区(养马岛东偏南 1 海里*)沉没，7 人落水，5 人死亡，2 人获救。

2013 年 11 月 22 日，位于山东省青岛市黄岛经济技术开发区的中国石油化工股份有限公司管道储运分公司东黄输油管道泄漏原油进入市政排水暗渠，在形成密闭空间的暗渠内油气积聚遇火花发生爆炸，造成 62 人死亡，136 人受伤，直接经济损失 7.5 亿元。

2014 年 11 月 16 日，山东省潍坊市寿光市龙源镇龙源食品有限公司厂房发生重大火灾事故，造成 18 人死亡，13 人受伤，直接经济损失 2666 万元。

2015 年 8 月 31 日，山东省东营市滨源化学有限公司新建年产 2 万吨改性型胶粘新材料联产项目在投料试车过程中发生重大爆炸事故，造成 13 人死亡，25 人受伤，直接经济损失 4326 万元。

2015 年 10 月 22 日，山东省莱州市山东盛大矿业有限公司大河铁矿井下负 260 米水平 8 号采场发生井下泥砂透出事故，造成 8 名井下作业人员死亡，直接经济损失 1226 万元。

2015 年 11 月 29 日，山东省滨州市邹平县山东富凯不锈钢有限公司发生重大煤气中毒事故，造成 10 人死亡，7 人受伤，直接经济损失 990 万元。

以上 9 个安全事故案例只是山东省所发生的一系列安全事故中的一小部分，可以看出，安全事故对山东省各个行业、企业以及广大工人的伤害之重，对社会各个方面的危害之大。

黑龙江省自 2011—2017 年，发生了诸多安全事故：

---

* 1 海里≈1.852 千米。

2011年4月13日，黑龙江省大庆市富鑫化工厂在非法生产过程中发生爆炸燃烧事故，造成9人死亡。

2011年4月26日，黑龙江省鸡西市桂发煤矿发生瓦斯爆炸事故，造成9人死亡。

2011年10月11日，黑龙江省鸡西市鸡东县金地煤矿发生透水事故，造成13人死亡。

2012年5月2日，黑龙江省鹤岗市峻源二煤矿发生透水事故，造成13人死亡。

2012年9月22日，黑龙江省双鸭山市友谊县龙山镇煤矿十井发生火灾并导致顶板冒落，造成12人死亡。

2012年12月1日，黑龙江省七台河市福瑞祥煤炭有限责任公司发生井下透水事故，造成10人死亡。

2013年1月28日，黑龙江省黑河铁路集团有限责任公司一列货运列车与一辆大客车相撞，造成10人死亡，37人受伤。

2013年1月29日，黑龙江省牡丹江市东宁县永盛煤矿发生一氧化碳中毒事故，造成12人死亡，8人受伤。

2013年3月11日，黑龙江省龙煤集团鹤岗分公司振兴煤矿发生透水事故，造成18人死亡。

2014年7月5日，黑龙江省鹤岗市兴成煤矿发生顶板事故，造成8人死亡。

2014年8月14日，黑龙江省鸡西市城子河区安之顺煤矿发生透水事故，造成16人死亡。

2014年12月14日，黑龙江省鸡西市鸡东县加澳煤炭销售有限公司兴运煤矿发生瓦斯爆炸事故，造成10人死亡。

2015年11月20日，黑龙江省龙煤集团鸡西矿业公司杏花煤矿井下发生火灾，造成22人死亡。

2015年12月16日，黑龙江省鹤岗市向阳煤矿发生瓦斯爆炸事故，造成19人死亡。

2016年11月29日，黑龙江省七台河市景有煤矿发生瓦斯爆炸事故，造成22人死亡。

2017年3月9日，黑龙江省龙煤集团双鸭山矿业公司东荣二矿副立井发生电缆着火、罐笼坠落事故，造成17名矿工死亡。

2017年9月13日，黑龙江省鸡东县裕晨煤矿发生瓦斯爆炸事故，造成10人死亡，8人受伤，直接经济损失1031万元。

以上17个安全事故案例，只是黑龙江省所发生的一系列安全事故中的一小部分，可以看出，安全事故对黑龙江省各个行业、企业以及广大工人的伤害之重，对社会各个方面的危害之大。

再从全国的角度看，1949年以来全国各个省(市、区)和各个行业、企业所发生的重特大事故数量之多、损失之大、灾害之重，就更加令人触目惊心了。这些重特大安全事故不仅在国内造成了十分恶劣的社会影响，而且还影响了中国的国际形象。

2007年6月1日施行的《生产安全事故报告和调查处理条例》，将事故划分为特别重大事故、重大事故、较大事故和一般事故4个等级：

(1)特别重大事故，是指造成30人以上死亡，或者100人以上重伤(包括急性工业中毒，下同)，或者1亿元以上直接经济损失的事故；

(2)重大事故，是指造成10人以上30人以下死亡，或者50人以上100人以下重伤，或者5000万元以上1亿元以下直接经济损失的事故；

(3)较大事故，是指造成3人以上10人以下死亡，或者10人以上50人以下重伤，或者1000万元以上5000万元以下直接经济损失的事故；

(4)一般事故，是指造成3人以下死亡，或者10人以下重伤，或者1000万元以下直接经济损失的事故。

中国安全生产水平不高，导致重特大生产安全事故不断发生，煤炭行业尤为严重。1949—2009 年，煤炭行业发生的一次死亡 100 人及以上的超大事故有 23 次之多。1969—2015 年其他行业一次死亡 200 人以上的超大事故也时有发生。

新中国成立 70 多年来，中国的经济发展取得了明显成就，自 2010 年以来连年保持为世界第二大经济体，在世界 500 多种主要工业产品当中，有 220 多种工业产品产量位居世界第一。但是中国安全生产工作水平不高，对广大工人的生命安全和身体健康保护不足，是同中国作为世界经济大国的地位不相称的，必须尽快加以扭转。

20 世纪 90 年代以来，中国的安全生产状况一直受到国际社会的关注，在每年的国际劳工组织大会上经常有关于中国职业安全健康状况的言论，国外一些友好人士也对中国的职业安全健康状况表示担忧。2001 年，在上海市召开的安全生产论坛会议上，美国劳工部副部长纪傅瑞做了《安全生产规范的全球化》的发言。他指出，经济全球化必然导致安全生产标准、规范的全球一体化，经济贸易问题无法与社会问题分开。落后的安全生产工作对于中国参加国际经济活动将产生不良影响，同中国作为世界上有影响的大国地位也不相称，只有正面应对、迎头赶上，努力提升中国安全生产水平，才能顺应国际潮流，树立中国良好的国际形象，也才能在参与国际经济活动时处于有利地位。

同发达国家相比，中国的安全生产和职业病防治工作水平落后。20 世纪 90 年代以来，世界发达国家在安全生产方面的内容和重点均发生了很大变化，发达国家面临的主要任务已经由职业安全转变为职业健康保健，因此这些国家的安全与卫生研究机构、管理机构和法规标准，更多地关注职业健康。在这些国家中，服务于职业卫生方面的专家正在扩展他们的目标领域。同以往相比，医生在预防和健康管理方面更加专业化；同时，职业卫生护士、工业卫生医生、理疗医生、心理医生也起着重要作用。在美国，工业卫生医生广泛普及；在日本，环境监测专家各地都有。这些国家在职业卫生方面还提供了大学研究生院的教育制度以及高级专业培训班。

相比之下，中国安全生产和职业病防治工作的主要任务还集中在职业安全方面，特别是在防范和遏制重特大安全事故上。2006年3月23日，国家安全生产监管总局副局长王显政在全国安全生产规划科技工作会上指出：20世纪90年代中期以来，发达国家工业生产中一次死亡10人以上的重特大事故已大幅度减少，粉尘、毒物、噪声等职业危害因素已基本得到控制，目前更加关注的是改善工作条件、缓解工作压力和实现体面劳动。而中国近年来重特大事故起数和死亡人数，以及接触职业危害人数、职业病患者累计数量、死亡数量和新发病人数量，仍是比较严重的国家之一。

从2002年11月到2017年10月，中国共产党召开的四次全国人民代表大会对安全生产工作也做出了明确部署。

2002年11月8日，江泽民同志在党的十六大报告中指出：高度重视安全生产，保护国家财产和人民生命的安全。

2007年10月15日，胡锦涛同志在党的十七大报告中指出：坚持安全发展，强化安全生产管理和监督，有效遏制重特大安全事故。

2012年11月8日，胡锦涛同志在党的十八大报告中指出：强化公共安全体系和企业安全生产基础建设，遏制重特大安全事故。

2017年10月18日，习近平同志在党的十九大报告中指出：树立安全发展理念，弘扬生命至上、安全第一的思想，健全公共安全体系，完善安全生产责任制，坚决遏制重特大安全事故，提升防灾减灾救灾能力。

中国安全生产工作水平低，既给社会财富造成巨大损失，也给人民群众特别是一线工人的生命安全和身体健康造成巨大伤害，同时还严重影响中国的国际形象。导致这种状况的原因是多方面的，而其中一个十分重要的原因还在于工人自身，在于工人的安全素养同当今风险社会、风险企业、风险生产的要求不相适应，差距很大。而导致中国工人安全素养不高的原因，则在于多年来对自身在安全生产上的角色定位不清、工作职责不明，不知道自己作为一名工人在安全生产方面应该干什么、应该怎样干。

那么，中国工人在安全生产上是怎样的角色定位和工作职责，又应该具备怎样的安全素养呢？就是当好“五者”——安全生产规律的遵行者、安全生产规则的执行者、安全生产职责的履行者、安全生产道德的践行者、安全生产科学探索的先行者。

多年来，中国工人在安全生产工作中角色不明确、职责不清晰、压力不明显、个人发展无目标、能力评定无标准、考核奖惩无依据的危险状况将直接导致企业安全生产没有保障、社会安定有序没有保障、工人安全健康没有保障，这种不正常的状况无论如何不能再继续延续，必须尽快加以扭转。

安全生产工作应当以人为本，要抓好安全生产、从根本上解决中国安全生产水平低下的问题，就必须坚持以人为本，大力提升整个中国工人阶级的安全素养，使每个中国工人都当好“五者”，这是解决这一严重问题的战略举措和根本途径。只有这样，中国工人阶级才能更好地保障安全生产，才能更好地为国家创造产品和财富。

工人阶级是中国共产党最坚实最可靠的阶级基础，是发展中国特色社会主义的主力军，是物质财富和精神财富的主要生产者和创造者。企业是产业工人最集中的地方，也是工人阶级力量最强大的地方。抓好企业的安全生产，其意义绝不仅限于保障产品的正常产出、财富的持续增加，绝不仅限于保障企业职工的安全健康，而是对工人阶级和广大劳动群众的经济、政治、文化等权益的维护，是对建设中国特色社会主义事业的有力支持。因此，抓好企业安全生产，从微观上讲，是对企业工人群众的保护；从宏观上讲，是对工人阶级的保护，其意义就不是一般的履行企业社会责任，而是在保护党的阶级基础、巩固和发展中国特色社会主义，具有十分重大的政治意义。

第一章　安全规律遵行者

要提高中国工人的安全素养,提高中国安全生产水平,中国工人应当成为安全规律的遵行者。

任何一项工作、一项事业,要顺利推进、取得成功,都必须严格遵守客观规律,这是一个基本常识。但就是这么一个基本常识,却长期被忽视,导致中国安全生产工作总是在低水平徘徊,远不像中国经济发展那样隔几年就上一个台阶,这是值得全社会深思的。

2005 年 7 月 25 日,国家安全生产监管总局局长李毅中在安全生产工作会上指出:经常发生的生产安全事故,就是大自然及其所固有的规律对人类逆行的惩罚。只有正确认识客观规律,顺应客观规律的要求,才能掌握安全生产的主动权。

中国安全生产工作水平之所以低下、安全生产形势之所以严峻,从根本上讲,就是因为对于安全生产工作的规律重视不够、探索不够、遵循不够。背离事物发展的规律,任何工作都不可能取得成功,安全生产工作也是这样。如今,重视安全生产工作规律、探索安全生产工作规律、遵循安全生产工作规律的重任,已经落在了中国工人阶级乃至每一名中国工人的肩上。探索和遵循安全生产规律,既能改变中国安全生产工作水平低下的状况,又能改变中国工人被安全事故伤害的局面,是中国工人无可推卸的历史使命,这就必然要求中国工人成为安全规律的遵行者。

第一节　规律概论

企业是安全生产的主体，是风险隐患最集中的地方，是受生产事故威胁最大的地方，因此，企业必然是最需要掌握和运用安全生产规律的地方，同时也是最有条件去探索和总结安全生产规律的地方，在这方面，广大工人天然具有无比的优势。

规律对于我们所从事的工作和事业具有怎样的重要意义呢？

列宁指出："当我们不知道自然规律的时候，它是独立地在我们的意识之外存在着和作用着，把我们变成'盲目的必然性'的奴隶。但是当我们知道了不依赖于我们的意志和意识而独立地作用着的（马克思把这点重述了几千次）这个规律的时候，我们就成为自然界的主人。在人类实践中表现出来的对自然界的统治，是自然现象与自然过程在人的头脑中的客观正确的反映的结果，是证明这个反映（在实践向我们指明的东西的界限内）是客观的、绝对的、永恒的真理。"（中共中央马克思恩格斯列宁斯大林著作编译局，1957）

就最一般的形式来说，规律是事物、现象或过程之间的一定的必然的关系，这种关系是由它们的内在本性即它们的本质产生的。

规律是现象中的普遍的东西，也就是说，规律所表现的一定的必然的联系，不是个别的、单一的现象所固有的，而是同一类的全部现象或过程所固有的。自然规律或社会规律之所以称为规律，是因为它表现出普遍性，只要具备一定的条件和原因，它们就随时随地以铁的必然性引起一定的现象、结果。

规律最基本、最主要的特征有三个：客观性、必然性和重复有效性。

规律的客观性是一切规律的普遍特性，不论自然规律、社会规律、思维规律，以及宇宙运动规律都具有不以人们的意识和意志为转移的客观特性，也就是说，规律不是由人们的意识与意志创造出来的，而是不依赖于人们的意识和意志而存在的。

一切不依赖于人们而存在的事物和现象都是客观的，依赖于人们而存在的事物和现象则是主观的。由实践经验和哲学概括所肯定的客观性，就是指这些事物和现象都在人们意识之外并且不依赖人们意识和意志而客观存在。

客观这个概念还具有其他一些内在方面或因素，这就是客观事物不依赖于意图或愿望，不依赖于意志，不依赖于知识和知识的深度，不依赖于观察等。

承认一切事物和现象的运动规律的客观性，有着巨大的原则性意义。外部世界的规律是人们有目的的活动的基础，人们在改造客观世界的实践活动中必须努力发现和认识自然界和社会运动的客观规律，从而利用这些规律来达到预定的目的。承认规律的客观性，能使人们乃至整个人类满怀信心地去改造自然和创造自己的社会历史，防止资源和力量的浪费。我们无论做什么事，如果不知道那件事情的状况和性质，以及它同其他事物之间的联系，就不会知道那件事情的运行规律，就不懂得怎样去做，就不可能成功。要想取得工作的胜利，取得预期的结果，就必须使自己的思想、计划、方针等符合客观存在的规律，如果不符合甚至违反，就会在实践活动中遭到挫折和失败。经过失败之后，如果能够及时总结经验，从失败中取得教训，修正自己的思想、计划、方针，使之同客观规律相符合，就可能变失败为成功，这就是“失败是成功之母”“吃一堑长一智”所包含的道理。

规律的第二个基本特征是必然性，也就是不可避免性。客观规律不外乎是各种事物和现象之间的一种因果联系和相互关系，一些事物和现象的存在，必然引起另一些事物和现象；事物发展的这一阶段，必然引导到另一阶段。规律作为事物和现象的内部的本质联系，决定着以自然的必然性进行的现象的一定发展，支配着自然界和社会中发生的各种过程。马克思在说明价值规律这个商品生产内部必然联系体现的实质时明确指出：规律不是别的什么，而是事物和现象的内部的本质的联系和相互依赖的表现。

事物和现象的必然联系,应当理解为原因和结果的联系。一种事物和现象真正作为原因而出现,另一种事物和现象则作为后果、结果而出现,它们之间的关系不是偶然的而是必然的。科学的基本任务,就在于发现和掌握事物及现象的本质和规律,就应该了解事物和现象的这样一种联系,在这种联系中,一种现象是原因,而另一种现象是结果,这就是事物和现象内部的必然联系。规律是原因和结果的必然的、本质的联系表现,能够决定原因和结果的确定的相互关系,也就是事物和现象之间的一种联系和关系,只要有了某种一定的原因,就必定会有某种一定的结果。

规律的第三个基本特征,就是重复有效性。规律不仅是事物和现象本质的必然联系的表现,也是事物和现象中稳定的、普遍的、重复有效的东西。也就是说规律所表现的一定的必然的联系,不是个别的、单一的现象所固有的,而是同一类的全部现象或过程所普遍具备的。

规律的重复有效性,是指只要具备一定的条件,合乎规律的联系一定会一而再再而三地重复出现。例如,价值规律(商品的价值取决于生产这一商品所耗费的社会必要劳动时间)就突出了所有商品的一个共同特性,这一特性为一切商品普遍地、重复地具有,不论商品的性质怎样,也不管它是哪个企业在何时何地生产的。

历史经验证明,社会发展的各种规律远在人们认识它们之前,就已经在起作用了。恩格斯曾经指出:价值规律起作用已经有六七千年的历史了,但是人们在不久以前才认识了这个规律。18 世纪末至 19 世纪初,首先是英国经济学家斯密和李嘉图对揭示这个规律走了重要的一步,而马克思在 19 世纪中叶才对这个规律的作用作了科学的说明。像这种实际早已发生作用,然后才被人们所认识和发现出来的客观规律,在自然科学规律中多到数不胜数,甚至可以这样说,所有自然科学规律,都是先已和早已发生作用,然后才逐渐被人们所认识、发现和自觉运用。

辩证唯物主义把所有科学规律(包括自然科学规律和社会科学规律)理解为不以人们的意志为转移的客观过程的反映。人们通过实践活动和认识活动能够发现客观规律，认识它们，研究它们，在自己的行动中估计到它们、利用它们来推动社会发展。只有人们的智慧和意志经常注意认识和利用自然界和社会的客观规律，才能展现出它的巨大力量。

规律对人类的作用和意义无论怎样评价都不为过，可以这样说——一部人类发展史，就是一部探索规律、发现规律、自觉应用规律的历史。然而，要发现规律又是多么的艰难，规律任何时候都不会存在于表面，而是始终隐藏在事物或现象的最深处。因此，人们要认识和发现规律，就必须透过现象深入事物的本质，透过偶然性的表面杂乱无章的现象找出必然的、稳定的和本质的东西。

大力提升中国安全生产整体水平，实现全国安全生产工作的根本好转，最重要、最根本的就是探索、掌握和应用安全生产发展规律。作为中国安全生产的主体，企业应当首先担当起这项光荣而重大的职责。

第二节　强化规律意识

要抓好中国安全生产工作，尽快扭转中国安全生产水平低下、人员伤亡严重、经济损失巨大、社会影响恶劣的不利局面，最根本、最紧迫的就是严格按照安全生产工作规律办事；然而，无论是地方政府还是企业，安全规律意识都不足，在安排部署安全生产工作时较少提及安全生产规律，在实际开展安全生产工作时较少运用安全生产规律，在总结事故教训时较少考虑安全生产规律。

任何事物的发展变化都有其规律，安全生产工作也是如此。要抓好安全生产工作就必须严格遵循安全生产工作规律，除此以外别无他途；无视甚至违背安全生产工作规律，根本不可能抓好安全生产工作。要遵循安全生产工作规律，首先必须大力强化全社会尤其是广大工人的安全规律意识，并进一步让安全生产工作规律体现在安全工作规划、执行、培训、检查、考核、奖惩等各个方面、各个环节。

1986 年 12 月 23 日，江泽民同志在上海市安全生产工作会议上指出：行之有效的规章制度，又是用鲜血和生命换来的，是科学规律的总结。科学的东西来不得半点虚假，不能存在半点的虚假和侥幸心理。

江泽民同志在这次会议上强调规章制度是科学规律的总结，必须严格执行，是针对上海市的一些职工和干部在安全工作中的违章操作、冒险蛮干而提出的。他指出：也不是没有操作制度，也不是操作制度不完善，而是你是不是坚决地贯彻。

一些职工和干部之所以不遵守有关安全生产规章制度，违章操作、冒险蛮干，既是缺乏法制观念，又是缺乏规律意识。针对缺乏法制观念的问题，加强法制宣传教育就能较好地解决；而解决缺乏规律意识的问题，相对而言就更困难一些。

抓好安全生产工作需要很多资源和条件，比如资金、设备、人员、机构、法律法规、制度规程等，相对于这些资源和条件，安全生产规律是无形的、抽象的，看不见、摸不着，对于广大工人来说，既难以直观感受，又难以掌握应用，再加上全社会对安全生产规律研究探索和推广应用不够，这就导致广大工人在具体从事安全生产工作时很难同安全生产规律联系起来，这就是安全生产规律意识淡薄的根源。

掌握和应用安全生产规律，是抓好安全生产工作的根本途径，因此，必须在全社会特别是企业大力强化安全生产规律意识，使安全生产规律意识成为工人安全素质的重要组成部分。而要强化安全生产规律意识，最直接、最有效的方法就是在安全事故发生以后，在分析事故原因、总结惨痛教训时，从安全生产规律的角度总结分析。

1975 年 8 月，在一场由台风引发的特大暴雨中，河南省驻马店地区的板桥、石漫滩两座大型水库，竹沟、田岗两座中型水库，以及58座小型水库在短短数小时内相继垮坝溃决。由原水利部部长钱正英作序的《中国历史大洪水》一书披露，在这场被称为“75·8”大水的灾难中，河南省有29个县市、1700万亩* 农田被淹，其中1100万亩农田受到毁灭性的灾难，1100万人受灾，超过2.6万人死难，倒塌房屋596万间，冲走耕畜30.2万头、猪72万头，纵贯中国南北的京广铁路线被冲毁102千米，中断行车18天，影响运输48天，直接经济损失近百亿元。

由一场特大暴雨而引发整个水库群的大规模溃决——无论是垮坝水库的数目，还是遇难者的人数，都远在全球同类事故之上。

当年召开的全国防汛和水库安全会议上，水电部部长说，对于发生板桥、石漫滩水库的垮坝，责任在水电部，首先我应负主要责任。我们没有把工作做好。主要表现在：首先是由于过去没有发生过大型水库垮坝，产生麻痹思想，认为大型水库问题不大，对大型水库的安全问题缺乏研究。二是水库安全标准和洪水计算方法存在问题。对水库安全标准和洪水计算方法，主要套用苏联的规程，虽然做过一些改进，但没有突破框框，没有研究世界各国的经验，更没有及时地总结我们自己的经验，做出符合中国情况的规定。三是对水库管理工作抓得不紧，对如何管好用好水库，对管理工作中存在什么问题缺乏深入的调查研究；有关水库安全的紧急措施，在防汛中的指挥调度、通信联络、备用电源、警报系统和必要的物资准备，也缺乏明确的规定。四是防汛指挥不力，在板桥、石漫滩水库垮坝之前，没有及时分析、研究情况，提出问题，千方百计地采取措施，减轻灾情，我们是有责任的。

一场由天灾引发的人祸，一场导致2.6万多人不幸死亡、直接经济损失近百亿元的特大灾难，没有从规律的角度深刻剖析和总结，这

---

* 1亩≈666.67平方米。

种思维方式和工作方法，不利于中国安全生产水平的提高，同时正因为没有从规律层面进行探究，也就为此后各种事故的周期性发生埋下了祸根。

1979 年 11 月 25 日，石油工业部海洋石油勘探局“渤海 2 号”钻井船，在渤海湾迁往新井位的拖航中翻沉，造成船上职工 72 人死亡，直接经济损失 3700 多万元。这是严重违章指挥造成的，是中国石油工业史上重大的责任事故。

发生这一严重事故，同石油工业部没有深刻吸取以往重大事故教训，特别是一再违反安全生产规律紧密相连。

1980 年 8 月 23 日，石油工业部部长宋振明就“渤海 2 号”钻井船翻沉事故向国务院作检讨，写道：平时布置工作，讲生产指标多，抓安全措施少，解决生产问题急如星火，解决安全上的问题一拖再拖，造成安全管理工作十分薄弱，规章制度未能认真执行，学费一掏再掏，教训却没有认真吸取，重大事故连续发生。

检讨中还写道：1975 年以来，直到这次“渤海 2 号”事故前，海洋局曾经发生各类大小事故 1042 起，其中重大事故 33 起，死亡职工 33 人。但是我们一直没有严肃对待，在要求完成生产任务的同时，没有把保障安全放在首位……对过去发生的一些重大事故，没有认真查明原因，严肃处理，总结教训。这就使问题越积越多，以致发生“渤海 2 号”翻沉这样的恶性事故。

1980 年 8 月 25 日，国务院印发《关于处理“渤海 2 号”事故的决定》，指出：“渤海 2 号翻沉事故的发生，是由于石油部不按客观规律办事，不尊重科学，不重视安全生产，不重视职工意见和历史教训造成的。”“采取一切可能的措施保障职工的安全，努力防止事故的发生。”“我们的社会主义国家和社会主义企业的神圣职责，就是要尽一切努力，在生产劳动中和其他活动中避免一切可以避免的伤亡事故。”

然而，“渤海 2 号”重大责任事故的惨痛教训和严重警告，只过了几年就又被淡忘了，又被抛弃了。1987 年 5 月 6 日至 6 月 2 日，林业部直属的大兴安岭森工企业发生特大森林火灾，导致职工、居民 193 人死亡，226 人受伤。

1987 年 6 月 6 日，国务院印发《关于大兴安岭特大森林火灾的处理决定》，指出："森林防火工作是林业部的主要职责之一。大兴安岭特大森林火灾事故的发生，充分暴露了林业部领导对这项重要工作没有给予应有重视，也没有吸取近年来频频发生森林火灾的教训，对国家的森林资源和人民的生命财产不负责任。这是严重的官僚主义和重大的失职行为。林业部主要负责同志对此负有不可推诿的重大责任。但是，从这场大火燃烧起，一直到彻底扑灭的二十五天内，林业部主要负责同志没有作任何自我批评和检讨，只是在中央和国务院领导同志多次批评后，才作了表态性的检查。"

国务院的处理决定再一次强调指出："大兴安岭林区特大火灾事故，也是对全国其他部门和各企事业单位的一个严重警告。安全生产是全国一切经济部门特别是生产企业的头等大事。各企业及其主管机关的行政领导，都要十分重视安全生产，万万不可掉以轻心。""要采取一切可能的措施，保障国家和职工群众生命财产的安全，严防事故发生。""我们的社会主义国家和社会主义制度，要求我们尽一切努力，在组织生产劳动和其他活动中避免和消除一切伤亡事故。"

国务院前后相隔 7 年的两份处理决定，都强调了同样的要求：尽一切可能、尽一切努力，防止事故发生，保障职工生命安全。

在"尽一切可能"和"尽一切努力"中，查找错误、总结教训是十分重要、十分明显同时也是十分有效的一项措施。如果能够认真总结教训、深刻吸取教训，对于加强和改进企业安全生产将会发挥巨大的作用。然而，令人痛心的现实是，事故发生了，代价付出了，错误在当时也查找了，教训在当时也总结了、吸取了，但是随着时间的流逝，事故教训又逐渐被人们淡忘，事故灾难又再次出现。

1979 年 11 月 25 日发生"渤海 2 号"钻井船翻沉的特大责任事

故,1994年12月8日发生新疆克拉玛依友谊宾馆特大火灾事故,石油行业企业应当深刻吸取惨痛教训,尽一切可能抓好安全生产这一头等大事了吧?但是,2003年12月23日,中国石油天然气集团公司又发生特大井喷事故,重庆开县罗家16H井井喷,导致243人因硫化氢中毒死亡。

这一系列的重特大事故给石油石化行业及企业敲击的警钟足够响了,提供的教训足够多了,全国石油石化行业及企业应当深刻吸取惨痛教训、尽一切可能抓好安全生产这一头等大事了吧?但在2013年11月22日,山东省青岛市黄岛经济技术开发区中国石油化工集团公司东黄输油管线泄漏,引发重大爆炸事故,导致62人死亡,136人受伤,直接经济损失7.5亿元。“11·22”事故的发生,同没有吸取以往这些重特大事故教训直接相关。

2018年11月28日,位于河北省张家口市望山循环经济示范园区的中国化工集团河北盛华化工有限公司氯乙烯泄漏扩散至厂外区域,遇到火源发生爆炸,造成24人死亡,21人受伤,38辆大货车和12辆小型车损毁,直接经济损失4148万元。同样,这次事故的发生依然同没有吸取以往这些重特大事故教训有关。

令人痛心的是,重特大事故一次次地发生,深刻教训一次次地总结,问责处理一次次地进行,但依然阻止不了下一次事故的发生。

所有这些重特大安全事故的一再发生,都在反复证明一个十分浅显的道理:违背安全生产规律,安全生产不会成功;而要遵循安全生产规律,就必须从强化工人安全生产规律意识开始,从安全事故发生后深刻探索研究安全生产规律开始,从在日常安全生产管理和操作中开始,只有这样才能踏上实现安全生产的康庄大道。

第三节 积极探索安全规律

中国工人阶级和每一名工人要成为安全规律的遵行者,首先必须了解掌握安全规律，需要在安全生产实践中积极探索安全生产工作规律。

之所以要将探索应用安全生产规律当作一项重大课题提出来，是因为安全生产对企业、工人有极端重要的作用，同时也是因为安全生产对国家、社会有极端重要的作用。

安全生产在中国经济建设和社会发展中处于“四个第一”的定位，具体而言，就是经济建设第一要求、企业生产第一需求、社会进步第一追求、个人成长第一诉求。

——经济建设第一要求。社会主义的根本任务就是发展社会生产力，只有这样才能创造出越来越多的社会财富，不断满足人民日益增长的物质和文化需求。发生安全事故，将会严重破坏社会生产力、摧毁社会财富，同社会主义生产目的背道而驰。要顺利推进经济建设、大力发展社会生产力，就必须抓好安全生产工作。

——企业生产第一需求。企业是独立的商品生产者和经营者，是市场经济条件下的社会经济基本单位；企业要在市场竞争中生存和发展，就必须营利，抓好安全生产则是其必不可少的前提条件。劳动生产过程，既是创造社会财富的过程，同时也是占有和消耗劳动的过程；要降低成本、提高效益，就必须尽力减少所占有和消耗的劳动。一旦发生事故，已经占有和消耗的劳动不仅会白白摧毁，恢复原有生产能力、重建原有生产秩序又会耗费大量人力、物力、财力，其损失是巨大的、多方面的。要实现企业持续健康发展，就必须抓好安全生产。

——社会进步第一追求。经济建设的目的不单纯是追求经济增长，更不是单纯追求国民生产总值（GDP）的增长，而是在经济发展的基础上实现社会全面进步，增加全体人民的福利。因此，社会发展和进步是经济建设的出发点和归宿。要实现社会全面进步，安全生产是重要的前提和保障。只有实现安全生产，才能实现社会安定有序、人民安居乐业。

——个人成长第一诉求。当今社会是一个风险社会，无论是生产领域还是生活领域，都时时处处充满各种风险隐患。要实现一个人的安全成长和发展，就必须时刻注意维护自身的生命安全和身体健康。

安全生产“四个第一”的定位，是对传统“安全第一”的进一步丰富和发展，是在当今知识经济时代对安全生产工作重大作用和重要地位的准确把握，是坚持以人为本理念的鲜明体现，也是整个社会抓好安全生产工作必须严格遵循的。

安全生产“四个第一”的定位，深刻说明了它对国家、对社会、对企业、对工人的紧密联系和巨大影响，同时也说明抓好安全生产工作是企业和工人的第一责任、第一能力、第一形象、第一业绩。正因如此，企业和工人就必须积极探索和自觉应用安全规律。

每个工人都有自己的工作岗位，相应的也会担负一定的工作职责，其中就包括安全生产方面的职责。《中华人民共和国安全生产法》(以下简称《安全生产法》)第二十五条规定：“生产经营单位应当对从业人员进行安全生产教育和培训，保证从业人员具备必要的安全生产知识，熟悉有关的安全生产规章制度和安全操作规程，掌握本岗位的安全操作技能，了解事故应急处理措施，知悉自身在安全生产方面的权利和义务。未经安全生产教育和培训合格的从业人员，不得上岗作业。”第五十五条规定：“从业人员应当接受安全生产教育和培训，掌握本职工作所需的安全生产知识，提高安全生产技能，增强事故预防和应急处理能力。”第一百零四条规定：“生产经营单位的从业人员不服从管理，违反安全生产规章制度或者操作规程的，由生产经营单位给予批评教育，依照有关规章制度给予处分；构成犯罪的，依照刑法有关规定追究刑事责任。”

中国《安全生产法》的这些条款，对生产经营单位从业人员的安全职责，做出了明确规定，而且这些要求都是最起码的要求，而要履行好这些法律规定的安全职责，在安全生产上把握主动，就必须了解掌握安全生产规律，这当然是不容易的。

伟大的文学家、思想家鲁迅指出：太伟大的变动，我们会无力表现的，不过这也无须悲观，我们即使不能表现它的全盘，我们也可以表现它的一角，巨大的建筑总是一木一石叠起来的，我们何妨做这一木一石呢？

作为个体的工人，每个人的工作都很忙，所拥有的知识、能力、时间、资金等都很有限，在探索安全生产规律上会受到很多限制、遭遇很多困难，难以总结发现出某个方面的安全规律；特别是有些生产经营陷入困境的企业，其首要任务是尽快走出困境、提高效益，安全生产可能暂时不被列为重要工作，这是正常的，但这并不是工人在探索安全生产规律上无动于衷、无所作为的理由。实际上，只要关心和热爱安全生产、钻研和探索安全生产，就一定会在探索发现安全生产规律上有所收获，无论他在什么样的工作岗位，有什么样的文凭学历。

1950 年 2 月 27 日，河南省新豫煤矿公司宜洛煤矿发生瓦斯爆炸，死亡 189 人。《人民日报》在 1950 年 3 月 13 日刊登了对这次爆炸事故的报道后，就有读者提出建议，在国家财政十分困难的情况下，其他方面可以厉行节约，但是在工矿生产的安全设备方面却不应该追求节约。请看这一《读者来信》：

读者来信

编辑同志：

三月十三日看到人民日报所载国营河南宜洛煤矿爆炸事件，我们甚为悲痛！

据报道称，该矿安全设备十分简陋，且系半手工半机器的开采方法，这是国民党统治几十年来遗留给我们的恶果。我们国家今天财政十分困难确是事实，但我建议我们宁可在别的方面特别厉行节约（该缓办的事情一定要缓办），而不应在工矿的安全设备上追求节约，因为这是直接关系到工人的生命问题和大批国家财富的损失！

读者　张富云

原载 1950 年 3 月 18 日《人民日报》

读者张富云在这封读者来信中所提出的建议，实际上已经涉及安全生产领域的一个基本规律——投入产出规律，就是说，要抓好安全生产工作，必须保证足够的安全生产投入，包括资金、设备、人员、科技、政策、时间等，才能得到相应的安全产出；如果投入得不到保证，或迟或早一定会发生事故。一位报纸的读者，出于对死难矿工的同情和对安全生产的关心，在看到媒体的报道后，在短短几天内所提出的一条建议就已经十分接近安全生产的投入产出规律了，我们长年累月工作在本职岗位上的工人就更有责任、更有能力探索和发现安全生产规律，也一定能够发现出越来越多的安全生产规律。

投入产出规律是安全生产领域的一条十分重要的基本规律，这一规律是经过无数工厂企业和无数工人反复验证过的，绝不能违反。

安全与效益成正比，事故与效益成反比，这不仅是工业生产规律，同时也是一个基本的经济发展规律。据联合国统计，世界各国平均每年的事故损失约占国民生产总值的 2.5%，预防事故和应急救援方面的投入约占 3.5%，两者合计为 6%。国际劳工组织编写的《职业卫生与安全百科全书》指出：可以认为，事故的总损失即是防护费用和善后费用的总和。在许多工业国家中，善后费用估计为国民生产总值的 1%至 3%。事故预防费用较难估计，但至少等于善后费用的两倍。面对这种状况，国际劳工组织的官员惊呼：事故之多、损失之大，真使人触目惊心。从事故损失的严重性，也可以看出安全投入的重要性和必要性。

有安全投入，才会有安全产出，这还只是一个定性的结论。那么，在安全方面一分的投入会有几分的产出呢？显然还需要定量的研究，才能得出比较准确的答案。国家安全生产监管局在 2003 年进行的《安全生产与经济发展关系研究》课题，经过认真分析研究得出结论，20 世纪 80 年代中国安全生产的投入产出比是 1∶3.65，90 年代中国安全生产的投入产出比是 1∶5.8。显然，在安全生产方面的投入绝不是所谓“包袱”或“无效成本”，而是有着巨大的产出和回报，有着显著的收益。

安全生产上的投入能够取得如此明显、如此巨大的回报，为什么还有很多企业及领导干部不重视、不支持安全生产方面的投入呢？这就是他们在思想认识上的错误——不是将安全上的投入当成一种投资（是有巨大的回报的），而是当成一种成本。持有这种错误认识的领导干部，连《人民日报》的一名普通读者都不如。

在探索安全生产规律上，工人尽管有着许多不利因素，比如个人学识、时间、资金有限，但同时也有着许多有利条件，最突出的就是长期在生产一线工作，对岗位工作中的风险隐患最了解，对机器设备的工作状况最清楚，对怎样化解风险、堵塞漏洞也最有发言权。无论是在技术、管理、业务培训上，还是在考核奖惩上，工人都有充足的条件探索思考、提出建议，并在实践检验的基础上探索总结出安全规律，在这方面，已经有许多企业和工人走在了前头。

在新中国成立之初，中国产业工人文化水平普遍低下，加上教育和培训不够，造成厂矿企业安全事故较多。针对这一严重状况，大连化工厂在抓安全生产方面创造了“三级教育”的先进经验，就是招收的新工人必须进行以安全生产为重要内容的入厂教育，以熟悉工作环境和作业技能为目的的车间教育，以以老带新为主要形式的班组教育，取得良好成效，劳动部在 1952 年总结推广了大连化工厂的这一先进经验。大连化工厂创造的安全生产“三级教育”，实际上是安全生产以人为本规律的体现，抓安全生产既是为了人，也要依靠人。

1963 年 3 月，国务院制定颁布了《关于加强企业生产中安全工作的几项规定》，也就是如今中国安全生产领域经常提及的“五项规定”，其中在事故查处方面明确要求企业应当注重从技术和管理等层面查找事故发生的原因，掌握事故发生的规律，举一反三，改进安全措施；注重建立激励约束机制，既要严肃处理事故责任人，又要表彰鼓励先进。

国务院颁布的这一文件明确规定“找出事故发生的规律，定出防范办法，认真贯彻执行，以减少和防止事故”，对于全国各地的工厂企业及广大工人重视安全规律、探索安全规律起到了一定的促进作用，并通过实践探索取得了若干成果。

20 世纪 80 年代以来，辽宁省鞍山市鞍山钢铁公司在认真坚持国家确定的“安全第一”的安全生产方针的基础上，又将“预防为主”作为安全生产方针认真贯彻执行，取得了积极创新。1985 年 7 月 16 日，全国安全生产委员会在辽宁省鞍山市召开安全生产现场会议，要求各地区、各部门都要学习推广鞍山钢铁公司贯彻执行“安全第一、预防为主”的先进经验。当年年底，全国安全生产委员会在研究部署 1986 年安全生产工作时，提出要贯彻“安全第一、预防为主”的方针。1987 年 4 月 27 日，劳动人事部在北京召开各省区市劳动安全监察工作会议，提出要把“安全第一、预防为主”作为安全生产和劳动保护的方针。1989 年 11 月，党的十三届五中全会通过的《中共中央关于进一步治理整顿和深化改革的决议》第三十条明确指出：“落实安全第一、预防为主的方针，加强安全生产。”

1991 年，鞍山钢铁公司又探索成功了“0123”安全管理模式，也就是以伤亡事故为零为目标，建立以企业一把手为核心的安全生产责任制，坚持标准化作业、建设标准化班组，全员安全教育、全面安全管理、全线预防。

鞍山钢铁公司在安全生产上的探索创新，虽然没有明确提出发现了某项安全生产规律，但实际上已经总结发现了一些安全生产规律，包括注重预防的规律、全员教育和全面管理的规律，这在当时中国诸多企业当中可谓是先行者，为加强和改进全国安全生产工作做出了独特贡献。

1992 年，安徽省马鞍山钢铁公司在职工中广泛开展“三不伤害”

活动，也就是自己不伤害自己、自己不伤害别人、自己不被别人伤害，把标准化作业、安全技术、社会道德、安全心理、创建安全班组和安全奖惩等融合成群众的自觉行动，有力地推动了安全生产工作。1994年6月，全国安全生产委员会组织开展第四个安全生产周活动，明确要求全国各地要以“勿忘安全、珍惜生命”为主题，以“不伤害他人、不被他人伤害”为内容，组织开展安全活动。

马鞍山钢铁公司创新开展的“三不伤害”活动，体现了安全生产工作以人为本的根本规律——抓好安全生产的目的就是为了人，为了人的生命安全、身体健康和全面发展。

进入21世纪，在安全生产规律总结探索上取得较好成果的是河南省的白国周。他探索总结出的“白国周班组管理法”闻名全国，在安全生产工作中创出了优秀业绩。

白国周1987年参加工作，常年在煤矿井下一线坚持生产。出于对安全生产工作的重视和对矿工生命的热爱，白国周结合井下生产的现场特点，提炼出了简单易懂、便于操作的以他的名字命名的班组管理法，这就是白国周班组管理法。

白国周班组管理法的主要内容可以概括为“六个三”，即“三勤”“三细”“三到位”“三不少”“三必谈”“三提高”。

(1)“三勤”：勤动脑、勤汇报、勤沟通。

勤动脑：对井下现场情况，勤于分析思考，总结其中的规律，寻找解决问题的办法，以便在出现安全问题时，能够迅速处理，避免事态的进一步发展。

勤汇报：对生产过程中发现的隐患和问题，及时向领导汇报，以便领导及时了解情况，迅速采取应对处置办法。

勤沟通：经常与队领导沟通，了解队里的措施要求；与上一班和下一班的班长沟通，了解施工进度和施工过程中出现的问题；与工友沟通，了解掌握工友工作和生活情况，及时化解可能对生产安全构成危险的因素。

(2)“三细”:心细、安排工作细、抓工程质量细。

心细:从召开班前会开始,针对当班出勤状况,分析各岗位人员配置,做到心中有数,尤其是一些特殊岗位,班前会上要仔细观察这些岗位人员的精神状态。

安排工作细:认真考虑什么性格的人适合干什么性质的工作,发挥长处,提高效率,减少个人因素可能带来的隐患。

抓工程质量细:严格按照施工要求、操作规程和安全技术措施施工,严把工程质量关。

(3)“三到位”:布置工作到位、检查工作到位、隐患处理到位。

布置工作到位:班前布置工作必须详细、清楚,工作任务、安全措施等必须向工友交代明白,哪个地方有上一班遗留的问题,必须提请工友注意,及时解决。

检查工作到位:对自己所管的范围,不厌其烦地巡回检查,每个环节、每个设施设备都及时检查,不放过任何一个隐患点。

隐患处理到位:无论到哪个地方,发现隐患和问题,能处理的及时处理掉,当时处理不了的,就在明显处用粉笔写下隐患情况,指令有关人员处理。

(4)“三不少”:班前检查不能少、班中排查不能少、班后复查不能少。

班前检查不能少:接班前对工作环境及各个环节、设备依次认真检查,排查现场隐患,确认上一班遗留问题,指定专人整改。

班中排查不能少:坚持每班对各个工作点进行巡回排查,重点排查在岗职工精神状况、班前隐患整改情况和生产过程中的动态隐患。

班后复查不能少:当班结束后,对安排的工作进行详细复查,重点复查工程质量和隐患整改情况,发现问题及时处理,处理不了的现场交接清楚,并及时汇报。

(5)“三必谈”:发现情绪不正常的人必谈、对受到批评的人必谈、每月必须召开一次谈心会。

发现情绪不正常的人必谈:注重观察工友在工作中的思想情绪,

发现有情绪不正常、心情急躁、精力不集中或神情恍惚等问题的工友，及时谈心交流，弄清原因，因势利导，消除急躁和消极情绪，使其保持良好心态投入工作，提高安全生产注意力。

对受到批评的人必谈：对受到批评或处罚的人，单独与其谈心，讲明原因，消除抵触情绪。

每月必须召开一次谈心会：每月至少召开一次谈心会，组织工友聚在一起，谈安全工作经验，反思存在的问题和不足，互学互帮、共同提高。

(6)“三提高”：提高安全意识、提高岗位技能、提高团队凝聚力和战斗力。

提高安全意识：引导职工牢固树立“安全第一”理念，通过各种方式教导工友时刻绷紧安全这根弦，时刻把安全放在心上，坚决做到不安全绝不生产。

提高岗位技能：经常和工友一起学习、研究掘进各工种的工作原理和操作技术，提高安全操作技能。经常组织工友针对生产和现场管理中出现的问题一起讨论，共同寻找解决问题的办法，着力提高班组每一名工友的综合素质。

提高团队凝聚力和战斗力：想方设法调动每一个工友的积极性，不让一名班组成员掉队，争取使大家都学会本事。针对职工中存在的一些不文明现象，要求大家做文明人、行文明事。工友偶犯错误，不乱发脾气，而是因人施教，耐心指出问题根源，大伙儿一起帮助改正。

白国周班组管理法是白国周20余年安全生产工作经验的总结，是白国周作为一名基层职工对中国安全生产事业的独特而又重要的贡献，反映了白国周的事业心和责任感，体现了他的才华和智慧，白国周也被誉为知识型、安全型、技能型、创新型的新时期产业工人优秀代表。

作为中国安全生产领域的优秀典型，白国周受到了多方面的关注和肯定。2009 年 4 月，白国周获得了全国总工会“五一劳动奖章”。4 月底 5 月初，中华全国总工会副主席张鸣起，国家安全生产监督管理总局局长骆琳，总局副局长、煤监局局长赵铁锤分别作出批示，对白国周的先进事迹给予充分肯定，要求广泛宣传，认真学习白国周，提高企业安全生产水平。同年 10 月 27 日，国家安全生产监管总局、煤监局、国资委、全国总工会、共青团中央联合印发《关于学习推广“白国周班组管理法”进一步加强煤矿班组建设的通知》，要求进一步加强煤矿班组建设。

在探索安全生产规律方面，湖北省襄樊市卫东控股集团有限公司取得了可喜成果，总结出了以人为本抓安全的规律，在实际工作中应用后取得良好成效。

作为一家高危行业的企业，卫东公司董事长顾勇认为，“世间一切事物中，人是最宝贵的”。为此，顾勇提出了尊重人、保护人、塑造人的安全文化理念，以“五零”即零死亡事故、零重伤事故、零重大火灾事故、零爆炸事故、零职业中毒事故为安全目标，让公司从业人员体面劳动，体面生存，实现了企业本质安全，为中国高危行业和高危企业提供了成功的安全管理模式。卫东控股集团有限公司被湖北省人民政府命名为“安全管理示范企业”，并得到国家安全生产监管总局和国防科工局的充分肯定。

尽管在探索总结安全生产规律上取得了一些成果，但总体上看，这项重要工作还没有引起有关方面和广大工人的注意，所总结出的安全生产规律还远不能满足安全生产工作实践的需要，那么导致这一状况的原因是什么呢？

新中国成立之后，中国将生产安全事故及其伤亡数据列入保密范围，无论是某地某次事故的伤亡人数，还是全国在某段时间内的事故伤亡统计数据，一般不对外公布，尤其是在 1957 年以后，包括安全事故在内的“负面”新闻极少。一些重大事故发生后，地方政府常常封锁消息，讳莫如深；媒体一般不予报道，即使报道也是三言两语十分简略。当时中国安全生产工作开展不好与此有关。1975 年 2 月 23 日，全国安全生产会指出："不揭露一些事实，不足以教育人民，首先是教育领导。"

随着改革开放的持续发展，事故保密制度越来越不适应现代化建设事业发展的需要，已经到了非改不可的地步了。1988 年 8 月，劳动部向国务院做出请示，要求定期公布伤亡事故和职业病的有关情况，得到批准。

1988 年 11 月 17 日，劳动部印发《关于定期公布我国企业职工伤亡数字的预备通知》，指出："为了使全社会增强安全意识，进一步加强安全卫生管理和监察工作，减少伤亡事故，经请示国务院批准，劳动部拟于 1989 年开始定期公布全国企业职工伤亡数字。劳动部负责全国企业职工伤亡事故统计数字的公开发布工作，并以通报形式在新华社、人民日报、中央电视台、中央人民广播电台发布。"

1992 年 10 月 5 日，经国务院领导同志批准，劳动部首次公布了全国事故伤亡数据，公开发布了《1991 年全国企业职工伤亡情况通报》；并决定从 1993 年一季度起，根据统计资料，按季度向社会公布全国企业事故伤亡人数。国务院的这一决定，是扩大安全生产领域政务公开、推进安全生产工作改革开放的重要一步。此后实践证明，公开事故伤亡数据，符合国际惯例，有利于消除外界的一些不必要的猜测和误解，促进安全生产领域的国际交流与合作；符合人民群众的期望和要求，越来越促进全社会对安全生产工作的重视和支持，从而将安全生产工作建立在人民群众共同关心、积极支持和有力监督的基础上。

中国安全生产新闻发布也从无到有，逐步形成制度。1977 年 7 月 7 日，国家劳动总局在北京举办了国内首次以安全生产为内容的记者招待会，介绍了全国的安全生产形势，并请各报社、电台、电视台加大对安全生产工作的宣传力度，以期引起社会各界及广大职工对安全生产的重视。

1980年1月15日,国家劳动总局举行了首次记者座谈会,向新闻界介绍安全生产、劳动保护工作中存在的问题,呼吁各新闻单位加强安全生产宣传报道,尤其要揭露那些无视工人生命安全、违章指挥、造成事故的官僚主义者。

2001年3月,国家安全生产监管局发布《安全生产新闻工作管理暂行规定》,建立了新闻发言人和新闻发布会制度,根据实际工作需要,不定期召开安全生产新闻发布会,向新闻界发布重要消息,规定重特大安全事故发生后,一般由有关省(市、区)政府按照国家有关规定如实发布事故消息;对那些社会影响较大、各方关注强烈的安全事故,则由国家安全生产监管局公开对外发布消息。2002年10月29日,国家安全生产监管局和国务院新闻办公室联合举行了中国首场安全生产新闻发布会;随后与新华社、中央电视台等媒体签订了建立重大事故快速报道机制的协议;建立了每季度由国务院新闻办公室主持召开一次安全生产新闻发布会的制度,定期发声,回应社会关切。到2010年底,全国所有省份和市(地)安监部门都设立了新闻发言人,国家以及各地也多次召开新闻发布会。

可以看出,中国在安全事故状况和安全生产信息的披露方面走过了一段曲折历程。由于在相当长的时期内(从1949年到1991年)国家将生产安全事故及其伤亡数据进行保密,无论是单个数据还是一个地区、一个行业乃至全国的安全状况,广大社会公众都无从得知,当然也就无法对安全生产工作进行监督、提出意见和建议。连有没有发生事故、事故损失状况怎样、事故原因是什么、事故责任者是否受到处理等一概不知,又谈何总结教训、探索安全规律呢?

1958年至1961年是新中国成立后的第一个事故高峰期,在此期间发生了新中国煤矿史上死亡人数最多的特大安全事故——山西省大同矿务局老白洞煤矿煤尘爆炸事故。

老白洞煤矿1955年恢复生产,设计年产能力90万吨,1957年产煤50万吨,1959年产量猛增到120万吨,1960年计划产煤152万吨，职工人数也由恢复生产时的1978人猛增到6994人。1960年5月9日，老白洞煤矿由于盲目高产超产、通风能力不足、瓦斯煤尘聚集、现场管理混乱等原因，导致爆炸事故发生，死亡684人。

事故发生后，中央及地方政府迅速组织力量进行抢险救援，但随后开展的事故调查致使事故的真正原因被回避和掩盖，惨痛教训也没有吸取，当然也就没有起到警示全国的作用。

以上情形，对于广大工人及专家学者探索研究安全生产规律显然是十分不利的。规律是无形的，总是深深地隐藏在事物和现象的内部，要想发现一种规律必须付出艰苦卓绝的努力，如果连起码的条件都不具备，又怎么可能得到规律性的认识。

随着改革开放的深入发展，中国同世界的交往、交流日益频繁。在充分了解世界发达国家的安全生产状况后，中国安全界认清了中国同世界发达国家在安全生产领域的巨大差距，包括在探索安全生产规律方面的巨大差距。

西方发达国家在安全生产方面水平很高，既包括实际工作，也包括理论研究和规律研究，这方面的突出代表是美国安全工程师海因里希的事故法则。

海因里希统计了55万件机械事故，其中死亡和重伤事故1666件，轻伤48334件，其余则是无伤害事件，从而得出一个重要结论，就是在机械事故中，死亡及重伤、轻伤、无伤害事故的比例为1∶29∶300。这个比例关系说明，在机械生产过程中，每发生330起意外事件，有300起没有产生伤害，有29起引起轻伤，有1起重伤或死亡，这就是著名的海因里希事故法则。

当然，不同的行业、不同类型的事故，无伤害、轻伤、重伤及死亡的比例不一定完全相同，但是这个比例也就是事故严重程度规律告诉我们，在进行生产作业时，无数次意外事件必然导致重大伤亡事故的发生；因此要防止重大伤亡事故，就必须减少和消除无伤害事故，这也是事故预防理论的根据。

海因里希在《工业事故预防》一书中提出了“工业安全公理”，共有十项主要内容，因此又称“海因里希十条”，其中第十条指出：“事后用于赔偿及医疗费用的直接经济损失，只不过占事故总经济损失的20％。”也就是说，一起安全事故发生后，其总的经济损失是直接经济损失的5倍。

海因里希通过自己的潜心研究所得出的科学结论和安全规律，早已得到世界各国的公认，在中国安全界也产生了很大影响，并被广泛应用于安全生产实践当中。相比之下，中国在安全生产规律的探索研究工作远远不够。

2012年12月，笔者第一部安全生产理论专著《安全生产定律论》出版，从现代生产的技术基础和组织形式入手，深刻剖析了现代社会化大生产安全与生产一体化的本质，总结提炼出同生共存、脆弱平衡、投入产出、递进扩散四大安全生产定律。

直至2019年12月，笔者出版第八部安全生产理论专著《社会主义安全生产论》，总结了社会主义安全生产三大规律，包括以人为本规律、按劳分配规律、齐抓共管规律，进一步丰富和发展了社会主义安全生产理论。

安全生产规律的探索是没有止境的。中国工人阶级作为国家的主人、企业的主人，有责任、有义务抓好安全生产工作，同时也有责任、有义务积极探索安全生产规律，这不仅为中国的安全生产工作提供指导，同时也为世界各国的安全生产工作提供借鉴。

第四节　自觉应用安全规律

强化安全规律意识、积极探索安全规律，最终的目的还是在实际工作中自觉应用安全规律，不断提高中国安全生产工作水平。

应用安全规律，对于不同的人有不同的要求，对于广大普通工人而言，应用安全规律主要体现在加强学习、提高素质、遵章守纪上。

安全生产是一项宏大的系统工程，涉及自然、社会、心理等领域，内容纷繁复杂；同时，安全科学作为一门新兴科学，自 1990 年首次提出后发展很快，与安全科学相关的学科之多、系统之巨、因素关系之复杂，使之成为一门真正的大科学。因此，工人要有效保护自己就必须持续不断地加强安全生产知识和技能的学习培训，不断提高自身的安全素养。

同时，工人还必须在岗位工作中遵守安全生产法律法规和规章制度，遵守劳动纪律，这也是应用安全规律、遵行安全规律的具体体现。

行之有效的规章制度，是用鲜血和生命换来的，是科学规律的总结。既然规章制度是科学规律的总结，那就必须严格执行，不能违反。可以说，应用规律、遵行规律，同严格遵守安全生产法律法规和规章制度是完全一致的。

1994 年 7 月 5 日，《中华人民共和国劳动法》（以下简称《劳动法》）经第八届全国人大常委会第八次会议审议通过正式颁布。对于新中国成立以来的首部《劳动法》，有关法律专家评论是“两把大火烧出的《劳动法》”！

1993 年 11 月 19 日，港资企业广东省深圳市葵涌致丽工艺制品厂发生特大火灾，导致 87 名工人死亡，有名单的伤者 51 人。仅隔 20 多天，同年 12 月 13 日，福建省福州市马尾经济技术开发区内的台商独资企业高福纺织有限公司发生特大火灾，导致 61 人死亡，7 人受伤。

接连两场特大火灾，使 148 名工人不幸遇难，举国震惊。特别是深圳致丽大火经《工人日报》率先报道后，引发各大媒体集中跟进，立法保护劳动者权益的话题由此进一步升温，社会各界特别是法律界和工会系统形成了强烈共识，认为如果再不立法对劳动者权益加以保护，将会导致严重的社会问题。1994 年 3 月 2 日，劳动部部长李伯勇在第八届全国人大常委会第六次会议上作“关于《中华人民共和国劳动法(草案)》的说明”时,指出:由于缺少较完备的对劳动者合法权益保护的法律,在一些地方和企业,特别是在有些非公有制企业中,随意延长工时、克扣工资、拒绝提供必要的劳动保护,甚至侮辱和体罚工人的现象时有发生,以致酿成重大恶性事故。显然,广东深圳致丽和福建福州高福这两把大火就是这类“重大恶性事故”的典型。

其中,《劳动法》第三条规定:劳动者享有平等就业和选择职业的权利、取得劳动报酬的权利、休息休假的权利、获得劳动安全卫生保护的权利、接受职业技能培训的权利、享受社会保险和福利的权利、提请劳动争议处理的权利以及法律规定的其他劳动权利。劳动者应当完成劳动任务,提高职业技能,执行劳动安全卫生规程,遵守劳动纪律和职业道德。

运用安全生产法律法规来规范和管理安全生产工作,是抓好安全生产的一条十分重要的基本规律。由于缺少法律法规的强制性要求,导致中国对劳动者权益特别是生命权保护不力,使普通劳动者的生命安全受到重大伤害,则从反面证明了这一规律不能违反。同时,《劳动法》中的许多条款也在实践中证明是科学有效的,无论是企业的经营管理人员还是广大工人,都应当认真学习,严格遵守,因为这些条款当中蕴含着许多安全生产规律。

严格遵守有关安全生产法律法规就是在遵行安全规律,严格执行有关安全生产规章制度同样是遵行安全规律。

2016 年 6 月 26 日,湖南省郴州市宜凤高速公路宜章段发生一起客车碰撞燃烧起火的特别重大道路交通事故,导致 35 人死亡,13 人受伤,直接经济损失 2290 余万元。国务院调查组认定,这起事故是一起特别重大生产安全责任事故,而这起事故之所以造成如此大的人员伤亡,原因之一就是事故车辆安全锤放置不符合规定。有关方面通过清理事故车辆内的遗留物共发现 5 把安全锤,其中 4 把放置在驾驶人座位下侧储物箱内,放置位置不符合相关规定要求,乘客无法使用安全锤击碎车窗逃生。

如果这辆客车的驾驶人员能够严格按照规章制度的要求将5把安全锤全都放置在车厢内,在危急时乘客就能立即使用安全锤击碎车窗玻璃逃生,这次事故的人员伤亡就不会这样惨重。小小的安全锤的放置位置违反规定,所导致的后果就是如此严重!

可以说,安全生产法律法规和规章制度的每一条每一款都是由血泪甚至是生命铸成的,是经过无数次实践检验后才得来的,遵守它,就可以确保安全;违背它,就必然发生事故。而在实际工作中,违章指挥、违章操作所造成的无数安全事故,则从反面证明了只有遵章守纪,才能确保安全。

自觉应用安全规律,对于广大普通工人的要求主要是遵章守纪,对企业各级领导干部的要求就不能仅限于此了,还应有更高的标准,就是运用相关学科的科学理论,针对性地开展安全工作,不断推进安全生产管理创新、模式创新、手段创新。在这方面,中国有关企业运用人体生理节律理论指导安全生产工作,并取得积极成效,就是一个成功的范例。

早在古希腊,希波克拉特这位令人崇敬的医学先驱者就指出:人的健康、情绪是在他降临人世时就已决定了的。他要求他的学生们在诊治疾病时要密切注意患者的出生年月与病情发展日期之间的波动情况。因此,经过他治疗的病人往往能够较快地恢复健康。

20世纪初,德国内科医生威尔赫姆·弗里斯和奥地利心理学家赫尔曼·斯瓦波达,经过长期临床观察研究,揭开了其中的奥妙。原来,在病人的病症、情感以及行为之间,存在一个以23天为周期的体力盛衰和以28天为周期的情绪波动。大约过了20年,奥地利因斯布鲁大学的阿尔弗雷特·泰尔其尔教授,在研究了数百名高中和大学学生的考试成绩后,发现人的智力是以33天为周期波动的。于是,体力、情绪和智力盛衰起伏的周期性变化的奥秘就被揭开了,这就是人体生理机能(包括体力、情绪、智力)内在的变化规律,被称为人体生理节律,简称人体节律。

一些学者根据人体内部周期性的变化,认为每个人从他出生之时起,直至生命终结,都存在着周期分别为 23 天、28 天和 33 天的体力、情绪和智力的变化,组成了一个协调、优美而又神秘的三重奏。科学家将这个三重奏的"曲子"谱写在同一个坐标系内,绘制出了一副优美的三条波浪形的曲线图。图 1.1 表示的就是一个在 10 月 1 日出生的人,在 10 月的人体生理节律变化情况示意。

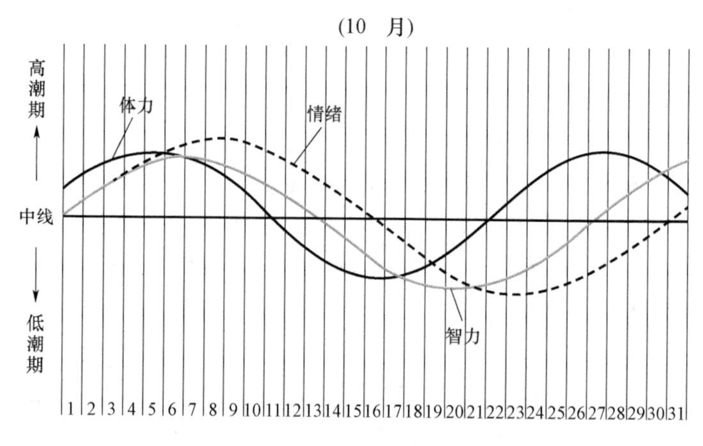

图 1.1 人体生理节律变化示意

图 1.1 中,曲线处于中线以上的日子,称为人体生理节律的高潮期,例如体力周期曲线处在高潮期,就会感到体力充沛、生机勃勃;情绪周期曲线处于高潮期,就会心情愉快、积极向上,表现出强烈的创造力;智力周期曲线处于高潮期,就会头脑灵活、记忆力强,具有逻辑性和解决复杂问题的能力。

相反,处于中线以下的日子,称为人体生理节律的低潮期,在体力方面表现为容易疲劳,做事拖拉;在情绪方面表现为心情烦躁、喜怒无常;在智力方面表现为注意力不集中,健忘,判断容易出错。

在跨越中线的日子,称为人体生理节律的临界期,是一个很不稳定的时期,身体处于快速的变化之中,或者说处于过渡状态,机体各方面的协调性较差，容易出现差错。

早在20世纪60年代，奥地利、美国、英国、法国、日本、瑞典、苏联等国就已开始应用人体生理节律的理论。1977年5月，在美国亚特兰大市成立了来自美国各地和欧洲各国的科学家及研究人员参加的世界人体节律研究会，并设立基金，开展人体节律的研究和应用工作，其应用范围包括生产、运输界，主要用于安全生产。根据人的生理节律状况安排工作，对生理节律状况不佳的职工采取相应的安全措施，以减少事故发生。

日本沃米铁路公司查阅了1963年至1968年间所发生的331起事故，发现其中59％的事故时发生在司机的临界期。1969年，沃米铁路公司实行人体生理节律计划，使全年的安全事故比上年减少了50％。

美国的一家微型汽车公司向它在爱达荷州分公司的60名司机提供了人体生理节律表格，当司机处于临界期时，预先提醒他们在安全驾驶方面多加小心，结果车祸减少了近70％。

苏联莫斯科车辆管理所对交通事故进行统计，凡是运用人体生理节律理论指导司机出勤的单位，都减少了车祸。

人体生理节律理论引入中国后，得到一些企业的重视并采纳实施，取得良好成效。

浙江省嘉兴市民丰造纸厂运用人体生理节律理论指导安全生产，将本厂1980年至1985年受到事故伤害的79名职工的出生日期和事故发生日期进行运算、对比，发现有59人在事故发生当天，体力和情绪处于临界期或低潮期。1986年这个厂在设备大检修时，根据人体节律情况，将参加检修的302名职工的人体生理节律变化状况发到基层班组，由班组长合理分配工作，对体力、情绪处于低潮期的职工尽量不安排登高作业和危险作业，大大减少了事故。

济南铁路局自1984年起就开始研究如何将人体生理节律理论引入安全管理工作，经过不断探索创新，取得明显成效，根据推行这一方法的济南铁路局60多个所属单位的抽样调查，在其他安全措施不变的情况下，采用这种方法后，事故发生率都有所下降。

要抓好安全生产工作，最根本、最重要的就是严格遵循安全生产规律。对于广大工人而言，在日常工作中遵守安全生产法律法规和规章制度相对容易一些，因为这些都有明文规定，遵照执行有着具体要求；而要遵循安全生产规律则相对困难一些，因为一般来说规律是无形的，看不见、摸不着，难以把握。这种情况，就对中国工人在遵行安全生产规律方面提出了更高的要求。

中国工人要成为安全生产规律的遵行者，必须强化安全规律意识，积极探索安全规律，自觉应用安全规律，将是否符合安全规律当作自己安全生产行为的最高准则，在全社会树立崇尚安全规律、遵守安全规律的良好形象。

第二章　安全规则执行者

要提高中国工人的安全素养，提高中国安全生产水平，中国工人应当成为安全规则的执行者。

任何一种社会生产劳动，都是以人们的共同活动为前提的；而每一个参加生产劳动的人，如果不服从共同的、统一的规则，共同活动就难以甚至无法进行，有着严格纪律要求的工业生产更是如此。正如列宁所指出的："没有制度，不要求大家服从这种制度，就不能进行共同的工作。"（中共中央马克思恩格斯列宁斯大林著作编译局，1959）

中国安全生产工作中的对安全生产规则重视不够、执行不严，致使违章指挥、违章操作、违反劳动纪律者"三违"长期存在，而这种不正常状况的原因，包括管理工作的缺失。

管理活动源远流长，但它真正成为一门科学，是始于20世纪初以"泰罗制"为代表的科学管理。科学管理是管理科学的起点和基础，而管理科学则是科学管理发展的必然结果。

美国古典管理学家、科学管理的主要倡导者弗雷德里克·泰罗指出："最佳的管理是一门实在的科学，基础建立在明确规定的纪律、条例和原则上。"

以工人在工业生产劳动中的动作为例，劳动动作可以分为：①基本动作，就是为了达到目的所必须做的动作；②校正必须做的动作；③在意外情况下产生的补充动作；④生产过程中不需要的多余动作。

根据完成动作的情况，可以将动作分为位移动作，就是手或脚从一个特定位置向另一个特定位置移动的动作;连续动作,就是在动作过程中,要求肌力始终控制、调整自己处于某些状态的动作;重复动作,就是连续不断地重复相同的动作;逐次动作,就是按照先后顺序进行的几个分隔的独立的动作;操作动作,就是使用部件、工具以及操作机械的动作;静态反应,就是在一段时间内不进行任何动作,而是保持某一肢体处于一种特定状态的情况。

为了节约时间、提高效率、降低劳动强度,同时也为了保障安全,企业以及有关专家学者对工人在生产中的动作进行细微的动作分解研究,以达到精简动作、缩短动作距离、动作与姿态更加协调、省力、增强动作节奏感等功效。在此基础上,制定出具体操作规程,实行标准化的操作和定量化的管理,努力追求劳动动作的合理化和最佳化。

机器是工业革命的起点。正是机器的出现,才有了18世纪中叶从英国开始的伟大工业革命,才有了人类生产力成千上万倍的提高,才有了社会产品和社会财富的大大增加。而机器生产对人类尤其是对工人最直接的影响就是执行规则、遵守纪律。正如马克思所指出的:"工人要服从机器的连续的、划一的运动,这早已造成了最严格的纪律。"(中共中央编译局,1975a)"工人在技术上服从劳动资料的划一运动以及由各种年龄的男女个体组成的劳动体的特殊构成,创造了一种兵营式的纪律。这种纪律发展成为完整的工厂制度。"(中共中央编译局,1975a)

机器生产为什么对规则的要求这么严呢?

在手工业方式生产的时代,由于社会分工还不发达,除了特别重大的事项如货币、度量衡、历法等必须规定全国统一的标准规范以外,一般社会产品的标准规范往往存在于手工业者的脑子里,或者成为师徒相传的绝技。这类标准规范的重要程度和涉及面都不大,标准规范的形式和内容都比较简单,在具体施行中需要协调的问题也不多。

但在工业革命和机器生产条件下,由于专业化协作的发展,社会产品生产过程中的联系与协调问题日益突出。由于生产的机械化、社会化、批量化，一项产品的生产、一项工程的施工、一项贸易的开展往往涉及几十个行业、几百家企业以及各门科学技术，相应的联系渠道遍及全国甚至国外许多国家，这就是工程的系统性。在这种形势下，没有全国乃至全世界统一的标准规范，产品生产、工程施工、贸易开展将无法进行，规则就成为每个国家、每个企业以及每个工人的必需。

在工业革命的引领和推动下，西方国家的企业和工业生产走上了一条制度化、规范化、标准化、精细化的发展道路，日常生产、经营、管理等工作均达到有章可循、有制可依，各项工作都有具体、明确的标准和规范，符合科学管理的要求。

中国与西方发达国家的不同在于中国科学管理既缺乏根源的熏陶，又缺少体系的形成。中国历史的发展同西方国家有很大不同。中国封建社会长达2000多年，小规模、封闭式、自给自足的小农经济长期存在。没有社会化大生产，就形成不了流水线的作业流程，也就形成不了制度化、标准化、精细化这些体现工业文明精髓的要素，从而导致科学管理先天不足。制度、程序、规范、纪律等与现代化相对应的理念和要求尚未真正形成。可以说，中国经历了漫长的农耕时代，有过辉煌的农业文明，但由于种种原因，没有经历过西方工业革命的洗礼，没有经历科学管理的磨炼，所以没有形成真正的管理科学体系，这就直接导致全社会制度意识、规则意识、契约意识淡薄，违反规则不可避免出现。

制度、规则、标准、纪律等是工业革命持续推进的重要基础，工业生产的特点就是技术上的先进性和统一性，生产上的连续性和协作性。也就是说在生产过程中，对产品的原料、形状、尺寸、性能、精度等要有统一的技术要求，在制造程序上要有秩序、有步骤地连续进行，而这一切都必须通过严格执行相关制度、标准才能实现。

中国没有经过工业革命的洗礼，又因几千年农耕经济的影响，导致全社会规则意识淡薄，体现在管理上主要不是规范管理，而是放任管理；不是科学管理，而是经验管理。当“差不多、基本上、就算是”之类的词语充斥我们的耳畔，规则早已被排挤得无影无踪。

1999年9月22日，党的十五届四中全会通过的《中共中央关于国有企业改革和发展若干重大问题的决定》指出：“强化企业管理，提高科学管理水平，是建立现代企业制度的内在要求，也是国有企业扭亏为盈、提高竞争能力的重要途径。必须高度重视和切实加强企业管理工作，从严管理企业，实现管理创新，尽快改变一部分企业决策随意、制度不严、纪律松弛、管理水平低下的状况。”

《中共中央关于国有企业改革和发展若干重大问题的决定》强调指出：“健全和完善各项规章制度，强化基础工作，彻底改变无章可循、有章不循、违章不纠的现象。”

从《中共中央关于国有企业改革和发展若干重大问题的决定》中的这两段论述，就可以清楚地看出该时期中国企业管理工作中存在的重大缺陷和部分企业的管理水平低下；而管理工作中的“无章可循、有章不循、违章不纠”的弊病又直接影响了安全生产工作，导致中国安全生产工作水平不高，多年来一直处于安全事故高发期，给人民群众生命财产安全带来重大损害，而受到伤害最直接、最严重的就是广大一线工人。

建立完善安全生产规则早已得到了有关方面的重视。1996年4月23日，劳动部印发《关于“九五”期间安全生产规划的建议》，指出：

(1)初步建立适应社会主义市场经济体制要求的安全生产法律、法规体系和标准体系。加强安全生产的法制建设，坚持中央和地方两级立法并举的原则，加快安全生产法律、法规、标准和制度的补充、完善，做到有法可依。

(2)认真贯彻执行《劳动法》《矿山安全法》等法律、法规，加快制定和颁布有关劳动安全卫生的法律、法规和配套规章。

(3)要加强行业安全生产专项法规建设，危险性大的行业特别要制定并补充完善与本行业安全生产相适应的行业专项法规和标准。

（4）企业必须严格执行安全生产法律、法规和标准，完善企业安全生产规章制度和安全操作规程。

然而，工人在长期的放任管理和经验管理之下所养成的轻视规则的习惯，不是在短时期内就能明显改变的，哪怕严格遵守各项规章制度将有效保障广大工人的人身安全和身体健康，违反规则的情况还是常常可见，正所谓“江山易改，本性难移”，让广大工人强化规则意识、严格遵守规则，还有很长一段路要走。

要提高中国安全生产工作水平，保护好广大工人，就必须使中国工人成为安全规则的执行者，就必须使中国安全生产工作实现从放任管理到规范管理、从经验管理到科学管理的根本性转变。

第一节　规则概论

规则是规定出来供大家共同遵守的制度或章程。只要是集体劳动、共同劳动，就必须要有统一的规则来规范和约束参加劳动的每一个人，从而保证集体劳动、共同劳动顺利进行和取得最佳成效。

规则是共同遵守的制度、规范的统称，具体包括法律、法规、公约、规章制度、标准等，通常用书面文字表现出来。规则的出现，是共同劳动、生产管理、社会治理的必然要求，是人们知识经验的总结，同时也是人类智慧的体现，在人类生产、生活、生存中具有不可替代的作用和地位。可以说，人类在社会生活各方面的稳定性和秩序性正是建立在规则基础上的。

在人类文明发展的不同时期，规则在生产和生活当中所起的作用不同，所处的位置也不同。

在以石器为主要生产工具的远古时代，自然采集和渔猎是人类生产劳动的主要方式，在这个历史时期没有科学，技术也处于萌芽状态，加之人们生产和生活的地域范围十分狭小，规则在社会中的作用不大，影响不广，地位不高。

随着人类劳动经验的积累和智力的发展，出现了栽种植物和驯养动物的技术。此后随着农耕技术的进步，农业成为社会的主导产业，并日益形成农业文明。在这一历史时期，规则在农业生产、家庭手工业生产中开始受到重视，发挥了一定的作用。

18世纪中叶开始的工业革命，其实质就是用机器取代人的部分体力劳动和手的部分功能。工业革命在全世界的普及将人类带入工业文明，整个社会的生产方式从手工生产转变为机器和机器体系生产，制造业和加工业取代农牧业而成为产业结构中的主导产业，工人取代农民成为社会劳动大军的主体，与此同时，规则也取代了以往的经验和感觉成为生产劳动的标准和规范。

人类的生产劳动，总是力图用最少的物质和能量、花最少的时间，生产出最多最好的产品，而用机器生产取代手工劳动恰好为实现这一目标提供了最佳途径。恩格斯指出："用机器代替手工劳动，并把劳动生产率增大千倍。"(中共中央编译局，1958)

机器生产同以往的手工劳动相比，有哪些突出的特点，为什么能大大提高劳动生产率呢？

当今的工业生产是现代化的生产，是社会化大生产，是在广泛采用机器的企业中进行的生产，是既有严密分工又有高度协作的生产。它具有以下五个方面的突出特点：

一是生产过程具有连续性。连续性是指生产过程的各个环节始终处于运行状态，很少发生或基本不发生停顿和等待现象。现代工厂将原先分散的劳动者和劳动集中起来，各个生产工序和环节之间彼此衔接，联系紧密，使产品从一个生产加工阶段进入下一个阶段所花费的时间减少，相应地用在这种转移上的劳动也减少了，因而提高了生产力。

马克思从工人劳动和机器运行的角度分别论述了生产的连续性。他指出："一个工人给另一个工人，或一组工人给另一组工人提供原料。一个工人的劳动结果,成了另一个工人劳动的起点。”(中共中央编译局,1975a)他还指出:“每一台局部机器依次把原料供给下一台,由于所有局部机器都同时动作,产品就不断地处于自己形成过程的各个阶段,不断地从一个生产阶段转到另一个生产阶段。”(中共中央编译局,1975a)

二是生产阶段具有并存性。工厂运用机器和机器体系进行生产,不仅使生产过程在时间上相互衔接,而且由于工厂、车间及机器的平面布局,使生产过程的各个阶段能够在空间上同时存在,这样在同一时间内就可以提供更多的产品。

马克思指出:“机器生产的原则是把生产过程分解为各个组成阶段,并且应用力学、化学等,总之就是应用自然科学来解决由此产生的问题。这个原则到处都起着决定性的作用。”(中共中央编译局,1975a)

三是生产要素具有比例性。比例性是指生产过程各工艺阶段、各工序之间,基本生产过程和辅助生产过程之间在生产能力上保持一定的比例关系。为了使生产过程能够在时间上连续、在空间上并存,就必须有计划、按比例地精确组织生产,使劳动者人数、原料数量以及其他生产资料的数量具有一定的比例。

马克思从工人和机器两方面分别论述了生产的比例性。他指出:“不同的操作需要不等的时间,在相等的时间内会提供不等量的局部产品。因此,要使同一工人每天总是只从事同一种操作,不同的操作就必须使用不同比例数的工人。例如在活字铸造业中,如果一个铸工每小时能铸2000个字,一个分切工能截开4000个字,一个磨字工能磨8000个字,雇佣一个磨字工就需要雇用4个铸工和2个分切工。”(中共中央编译局,1975a)他还指出:“在有组织的机器体系中,各局部机器之间不断地交换工作,也使各局部机器的数目、规模和速度之间有一定的比例关系。”(中共中央编译局,1975a)

四是生产组织具有纪律性。加强劳动纪律是机器大工业本身必然的要求，也是充分利用劳动力资源的要求。一切社会化大生产，无论是以私有制为基础的生产还是以公有制为基础的生产都是如此。正如马克思所指出的："工人在技术上服从劳动资料的划一运动以及由各种年龄的男女个体组成的劳动体的特殊构成，创造了一种兵营式的纪律。这种纪律发展成为完整的工厂制度。"（中共中央编译局，1975a）

恩格斯在《论权威》一文中也肯定了劳动者共同遵守纪律的重要性，他指出："劳动者们首先必须商定劳动时间；而劳动时间一经确定，大家就要毫无例外地一律遵守。其次，在每个车间里，时时都会发生有关生产过程、材料分配等局部问题，要求马上解决，否则整个生产就会立刻停顿下来。"（中共中央编译局，1972a）

五是生产结果具有保障性。现代工厂及企业要在激烈的市场竞争中生存和发展，就必须使自己的生产活动达到预定目标，而这又要依靠两个方面的因素，一是工人被严格纪律联结起来的共同劳动，二是机器和机器体系的规则性、划一性、秩序性、连续性和效能性。马克思指出："工厂生产的重要条件，就是生产结果具有正常的保证，也就是说，在一定的时间里生产出一定量的商品，或取得预期的有用效果，特别是在工作日被规定以后更是如此。"（中共中央编译局，1975a）

生产过程的连续性、生产阶段的并存性、生产要素的比例性、生产组织的纪律性、生产结果的保障性，就是现代工厂生产的突出特点。

与此同时，机械化的持续发展，又进一步强化了这五个突出特点。

机械化是一个不断发展演变的复杂过程，这个过程要经过几个不同的发展阶段。第一是局部机械化，也就是个别工作使用机器，同时还保留很大一部分手工劳动；第二是全盘机械化，就是在手工操纵和管理机器的情况下，在整个生产过程中，劳动对象由机器体系加工；第三是局部自动化，就是在生产过程各个不同阶段对劳动对象用机器加工的同时，操纵机器的职能，一部分由自动化装置来执行，另一部分则由工人用手工来完成；第四是全盘自动化，就是机械化的最高阶段，机器或机器体系完全实行自动化控制，工人只负责监控和调整机器，保证机器正常工作。

正是这些特点，决定了机器生产具有手工劳动所无法比拟的巨大优势，能够将劳动生产率增大千倍，当然，要实现这一点并不是轻而易举的，更不是随心所欲的，而是必须严格遵守统一的规则。进行工业生产，并进一步实现工业化，离不开两个基本前提，一是生产劳动的机器化，二是生产劳动的社会化，而这两个方面哪一个都同规则紧密相连。

生产劳动的机器化，就是通过操纵机器或机器体系生产、加工、传输的方式生成产品、完成作业、提供服务。

一部人类社会的历史，就是一部生产力发展演变的历史。根据劳动资料即生产工具的不同，可以将生产力划分为三种，即古代生产力（手工生产力）、近代生产力（普通机器生产力）和现代生产力（智能机器生产力）。古代生产力是建立在手工工具劳动的基础上的，是个体自由生产；而近代生产力和现代生产力则是建立在机器生产的基础上的，是定型生产、批量生产、流水线生产，是有明确外在规格和内在质量要求的集体协作生产，这必然要求具备共同的目标、统一的标准、严格的纪律；而且，科技越发达，生产规模越庞大，生产人员越众多，生产力水平越高，就越需要严密的组织、严明的标准和严格的纪律，由此产生了标准化。科学管理的创始人泰罗还将“使所有的工具和工作条件实现标准化和完美化”列入科学管理四大原理的首要原理。

生产劳动的社会化，就是使劳动过程从个人行为转变为一系列的社会行为，使生产资料、劳动产品转变为由许多人共同使用、共同劳动的结果。

列宁指出："资本主义社会的技术进步表现在劳动社会化上面，而这种社会化必然要求生产过程中的各种职能的专业化，要求把分散的、孤立的、在从事这一生产的每个作坊中各自重复着的职能变为社会化的、集中在一个新作坊的、以满足整个社会需要为目的的职能。"（中共中央马克思恩格斯列宁斯大林著作编译局，1984）

分散、孤立的生产天然存在着差异性，而集中、协作的生产必然存在着一致性、规范性；相应的，劳动者也从原先的全能工人转变为局部工人。

马克思指出："钟表从纽伦堡手工业者的个人制品，变成了无数局部工人的社会产品。这些局部工人是：毛坯工、发条工、字盘工、游丝工、钻石工、棘轮子工、指针工、表壳工、螺丝工、镀金工，此外还有许多小类。"（中共中央编译局，1975a）

生产一件产品，一般来说需要多个环节和步骤，全能工人独自生产一件完整的产品，就必须完成所有的生产加工环节和步骤。他或许能够熟练掌握其中一两个环节和步骤，但却难以对整个生产过程的所有环节和步骤都十分精通。局部工人同全能工人最大的区别就是，他只负责产品生产过程的一个或少数几个环节和步骤，所以他必须也能够精通所负责的这个环节和步骤；同时，每个工人只负责整个生产流程中的一道，他产出的尚未完成的"产品"还必须经过其他生产人员的后续生产加工或组装，因此必须符合相应的产品外观和质量要求，也就是说必须严格遵守工厂企业的规章制度，否则就会出现不合格产品，或是因为不符合下一道工序的要求而导致生产中断，更加严重的甚至会因为违反国家法律法规的规定而受到惩处。

规则在社会生活当中无处不在，小到个人，大到国家乃至整个国际社会都离不开规则，要抓好安全生产同样离不开规则。

当今社会，标准化随处可见。伴随机器工业产生的标准化，早已从保障互换性的手段，发展成为保障国家资源合理利用和提高生产力的重要方式，并成为推动人类文明进步的重要手段。标准化实际上就是一系列有着内在联系的规则的集成。

大力推行标准化，对保障安全有着十分直接的作用。防止产品因为质量问题造成人身伤害事故，是标准化工作的一项重要任务。人们在制定每一项标准时，都要考虑安全因素，必要时要制定专门的安全标准并采取相应的方法和措施。标准化工作首先提出一项目标，之后通过有效的产品设计和制造过程的产品控制来保障产品安全。例如英国标准协会 BSI 第 64 号文件提出火灾测试方法，以帮助有关企业在使用易燃、易爆、易热材料时，注意制定相应的标准，避免可能引发的火灾危险。美国的标准对纺织品包括地毯、窗帘、装饰布等以及服装都明确规定了防火要求，提请制造商执行。

可以这样说，规则数量的多少、完善程度以及人们对于规则的遵守状况，既可以反映出这个社会的发展阶段，也可以反映出这个社会的文明程度——任何社会，只有普遍遵守规则、严格按照规则办事，才有良好的秩序、安定的环境和经济的繁荣。中国自 1978 年以来进行的改革开放，既是思想的大解放，又是规则的大发展，特别是 2001 年 12 月，中国加入世界贸易组织（WTO），更是中国同世界通行的规则的接轨，表明中国已经开始深度融入全球制度体系。

市场化改革的深入以及加入世界贸易组织，不仅使中国拿到了进入全球经济体系的入场券，更把中国带入了全球制度体系之内。随着中国社会主义市场经济体系的不断完善，中国已经进入市场规则的集中形成期。

中国进入“市场规则集中形成期”，并不是说此前中国没有规则，或没有市场规则，而是指经过市场经济初期大规模体制机制的转轨，特别是在 2001 年底加入 WTO 以后，中国已深度融入全球制度体系，中国经济社会乃至政治运行，都与世界有了更加紧密的联系。中国要想在全球政经格局中游刃有余，必须建立一系列既符合中国国情，同时又与世界惯例并行不悖的规则，更积极也更主动地发展自己、融入全球。

当今世界是一个开放的世界，任何一个国家想要关起门来搞建设，不同其他国家发生联系，其结果必然是被时代大潮所淘汰，同世界的差距将会越来越大、越来越远，在经济全球化的条件下更是如此。而要同其他国家发生联系、融入统一的世界市场，就必须遵守统一的规则和惯例，最大限度地利用这些规则和惯例来发展自己。

规则在现代社会无处不在。要建设现代化的国家，离不开每个公民对规则的尊崇和敬畏；要建设现代化的企业，离不开每个工人对规则的尊崇和敬畏。然而，从“中国式过马路”这一习以为常的不正常现象当中可以看出中国公民的规则素养仍需努力。请看报道：

交警在时，遵守交规；交警不在，无视红灯
部分行人文明过街意识淡薄

本报讯（记者　张珺　实习生　任岩岩） 昨日下午5点至7点，针对违反交通规则乱穿马路行人的“渝安行动”在我市开启。记者发现，部分行人文明过街的意识较为薄弱，交警不在时屡屡有人在车流中“穿梭”。

下午5点，临江门国美电器红绿灯路口，两名交警站在双黄线内一边指挥车辆，一边做着手势提醒行人在路边等待。半小时内，这个红绿灯路口交通秩序非常好，行人都能遵守交通规则，做到“令行禁止”。

5点40分开始，晚高峰到来，解放碑往临江门、一号桥的出城方向车流开始拥挤，守在这一路口的民警迅速前往临江门路口疏导交通。这时，国美电器路口的红绿灯似乎“不管用”了。最开始还只有几个人闯红灯横穿马路，后来就如同热闹的街市，行人络绎不绝地在红灯的照耀下横穿马路。通过这一路口的机动车也有些不自觉，一辆白色的小轿车竟停到了人行横道上，交通秩序有些混乱。随后，一名交警及时赶到，这里又恢复了正常的交通秩序。

一位市民表示，现代城市中的道路，已不仅仅是人和物位移的通

道，更是文明程度的检验场。每个人只有充分尊重规则和道德，才能真正体现城市的交通文明。

原载 2008 年 7 月 18 日《重庆日报》

从以上报道中可以看出，街头行人在值守人员在时能够遵守交通规则；而当值守人员不在时就有部分人横穿马路，可见，他们所担心和害怕的并不是规则本身。横穿马路（特别是城市的十字路口）是否严格遵守交通规则，直接关系着自己的生命安全和身体健康，绝不是一件无足轻重的小事，在这种事情上无视规则，随意违反，那么在其他并不涉及自身安全健康的事情和情况下又怎么会严格遵守规则呢？

规则是人们在实践中积累的科学知识的集中体现，同时也是人类文明不断发展进步的重要保证。个人是否严格遵守规则，反映出一个人的文明素养；一个社会、一个国家对待规则的态度如何，则反映出这个社会和国家的文明进步程度。规则能否被高度重视，能否被普遍遵守，绝不是可有可无的小事和细节，而是关系到前途命运的大事。越是现代化的国家、现代化的社会、现代化的企业，越应当在遵守规则、维护规则上高标准、严要求。全社会都必须深刻认识到，遵守规则、维护规则，就是在维护我们自身的根本利益。

第二节　安全规则　安全之基

邓小平同志对制度问题高度重视，予以特别强调。1980 年 8 月 18 日，邓小平指出："组织制度、工作制度方面的问题更重要。这些方面的制度好可以使坏人无法任意横行，制度不好可以使好人无法充分做好事，甚至会走向反面……领导制度、组织制度问题更带有根本性、全局性、稳定性和长期性。"（中共中央文献编辑委员会，1994）

对于工厂企业中具体的规章制度，邓小平同样重视。1975 年 5 月 29 日，邓小平在钢铁工业座谈会上指出："必须建立必要的规章制度……过去一个时期，根本谈不上什么规章制度，出了不少问题。最近武钢就发生了一天跑两次钢水的大事故。有些事故发生了，还分不清是谁的责任。因此，一定要建立和健全必要的规章制度。"(中共中央文献编辑委员会，1994)

企业要保持正常的生产经营秩序，就必须使全体职工人人遵守各项生产经营规章制度；同样，企业要保持安全生产，也必须使全体职工人人遵守各项安全生产规章制度，这是普通的常识。任何一个现代化的企业，要实现自身的持续健康发展，就必须坚持"安全第一"，就必须严格遵守国家的安全生产法律法规和企业内部的安全生产规章制度，否则必将因为安全事故的不断发生而遭受重大损失，这方面的事例比比皆是。可以说，安全规则是企业安全生产的基石，是保障企业持续健康发展的强大力量。安全规则是汇合学理与经验而成的，是经过理论探索和实践检验证明正确的、有效的，所以必须遵照执行，不得违反。

1951 年 5 月，上海市的生产与技术社组织召开电气安全座谈会，许多人在发言中都谈到了安全生产规则。关于"户外配电线路的安全保护"的发言提出："严格推行安全工作规程。工作时要严格遵守安全工作的规程，坚决反对英雄主义的冒险行为，要把安全工作的规程当作纪律来看。"关于"工作人员的安全"的发言提出："保障工作人员的安全，必须按照操作的规则工作——规则可印成册子，每人一份。"关于"一般工厂的安全用电问题"的发言提出："有许多工厂已密切注意了用电的安全问题，并采取了许多有效的方法，基本上消灭了事故的发生。他们的方法是：A. ……B. 让熟练工人来操作机器，或由熟练工人负责教会新工人安全操作的方法。C. ……D. 建立制度，规定操作或使用的方法。"

这次座谈会最后进行了总结，明确提出今后应做的工作可以总结为以下几个方面：

(1)规则：应该是全国性的，包括装置及安全等方面，在中央燃料工业部未统一规定之前，建议上海市公用局与中央燃料工业部取得联系，研究是否需要暂行规则以作近时检查之标准。

(2)制度：应吸取规则中的精神，自行拟定安全制度，切实执行，反对形式主义。

(3)检查：制度的执行是否切实，一定要依靠严格的检查，用户的定期检查制度，请电厂方面研究。

(4)材料：材料的标准必须提高，这件事不能单靠政府，可由同业公司各小组来讨论，确定最低标准，提请政府协商决定。

(5)宣传教育：这项工作总工会、科普已经在做，最好各厂能全力协助，供给资料，交流经验，使工作更提高一步。

可见，在新中国成立之初，中国的产业工人就已经深刻认识到要保证安全生产就必须制定安全规则、学习安全规则、遵守安全规则的道理，并提出要制定全国性的装置及安全方面的统一规则，这是十分难能可贵的。中国老一辈工人的这种重视安全生产、遵守安全规则的光荣传统，新一代工人应当进一步发扬光大。

然而，“实现安全生产，必须遵守规则”这一铁律在中国广大工人当中执行得并不好，以致酿成了一起起重特大安全事故。

1987 年 5 月 6 日至 6 月 2 日，黑龙江省大兴安岭发生特大森林火灾，造成重大人员伤亡和国家财产的重大损失。1987 年 6 月 16 日，在第六届全国人民代表大会常务委员会第二十一次会议上的《关于大兴安岭特大森林火灾事故和处理情况的汇报》谈到这次森林大火发生的教训时说，这起特大火灾事故的发生，主要是由于企业管理混乱，规章制度松弛，职工纪律松懈，违反操作规程，违章作业和领导上严重官僚主义所造成的。这次火灾充分暴露了这个地区护林防火制度和措施落实不好，防火力量严重不足，消防设备、工具和手段准备很差，以致火灾发生后不能及时彻底扑灭，小火酿成大火，造成了新中国成立以来损失最为惨重的特大火灾事故。

违反安全生产方面的规章制度，违背安全生产工作的客观要求，就必然会受到相应的惩罚，古今中外无数安全事故都一再证明了这一点。违反安全生产规章制度，为什么会带来如此严重的后果呢？

《安全生产法》第四条规定："生产经营单位必须遵守本法和其他有关安全生产的法律、法规，加强安全生产管理，建立、健全安全生产责任制和安全生产规章制度，改善安全生产条件，推进安全生产标准化建设，提高安全生产水平，确保安全生产。"第五十四条规定："从业人员在作业过程中，应当严格遵守本单位的安全生产规章制度和操作规程，服从管理，正确佩戴和使用劳动防护用品。"

《煤矿安全规程》第四条规定："从事煤炭生产与煤矿建设的企业必须遵守国家有关安全生产的法律、法规、规章、规程、标准和技术规范。"第八条规定："从业人员必须遵守煤矿安全生产规章制度、作业规程和操作规程，严禁违章指挥、违章作业。"

《安全生产法》和《煤矿安全规程》都明文规定，生产经营单位必须遵守安全规则；同时也明文规定，从业人员必须遵守安全规则。显然，这种规定必然有其深刻道理，是经过实践检验非这样不可的。

从历史发展的角度看，安全生产规则包括有关法律、法规、规章、制度、标准、公约等，并不是一开始就有的，也不是一有就十分完善的，有一个从无到有、从少到多、从简单到复杂、从疏漏到完善、从单个到系列的发展变迁过程；而安全生产规则之所以能够一步步发展壮大，其根本原因就在于它是科学的、有效的，是被实践证明一定能够保障安全生产的，得到了世界各国及广大企业的认同和接受，因此才有了如今纷繁复杂的安全生产规则。

安全生产规则是为生产，特别是机器生产服务的，安全生产规则的发展变迁，正是由于生产规模的扩大和生产力的提高。马克思和恩格斯指出："资产阶级在它的不到一百年的阶级统治中所创造的生产力，比过去一切时代所创造的全部生产力还要多，还要大。"（中共中央编译局，1972b）资产阶级所创造的生产力，是靠机器得来的，而且是遍布世界的无数工厂企业中的无数台机器的无休止的生产才得来的。无论是单个的工厂企业的所有者，还是整个资产阶级，为了追逐利润，也不得不控制和减少安全事故，制定和执行各种安全生产规则就是他们所采取的主要措施之一。时至今日，安全生产规则已经同机器生产如影随形，不可分割。

安全生产规则中最有威力的是安全生产法律。马克思指出：“为了迫使资本主义生产方式建立最起码的卫生保健设施，也必须由国家颁布强制性的法律。”(中共中央编译局，1975a)

安全生产立法是为了保护劳动者的安全与健康，保障社会生产资料和社会财富。它起源于工业革命，既是工业生产技术发展的需要，也是工人运动推动和斗争的结果。各国的安全生产法律法规从单一、零星和只适用于某一特定范围到综合、全面、适用于整个工业生产领域，并进一步形成一个较为完整的安全生产法律法规体系，经历了整个工业化过程，这一发展进程至今还在进行。

在工业社会初期安全技术比较落后的状况下，从立法的角度来控制日益严重的工业伤亡事故是一个现实的选择。人类最早的安全生产立法，可以追溯到13世纪德国政府颁布的《矿工保护法》，1820年英国政府制定了最初的工厂法《保护学徒的身心健康法》。针对世界范围的安全立法，是进入20世纪后的联合行动，指1919年第一届国际劳工大会制定的有关工时、妇女、儿童劳动保护的一系列国际公约。如今，依照安全生产法律法规来管理安全生产工作，已经成为世界各国的通行做法。

自工业革命以来，经过200多年的发展，美国、加拿大、日本、英国、法国、德国等高度工业化的国家，其安全生产水平早已跨越了安全条件差、重大事故多、职业伤亡重、社会危害大的发展阶段，安全生产和职业健康水平在世界各国当中处于领先位置，其中一个重要原因，就是这些国家的安全生产立法较早，政府对企业的安全生产工作实行强有力的法制化管理，企业主和工人安全法律意识较强，安全生产工作在法律法规的框架内运行。

安全生产规则中应用最多的是安全生产规章制度,也就是工厂企业制定的本单位的内部规范要求,是对安全生产法律法规的重要补充,是工人在日常生产中应用和遵守最多的安全规则。

同安全生产法律法规的规定相比,安全生产规章制度中的安全规定更加具体,更具有针对性和可操作性,这些规定当然也是安全生产法律法规的细化和延伸,企业全员必须遵照执行。

国家已经制定实行了有关安全生产法律法规,企业为什么还要制定自己的安全生产规章制度呢?因为企业生产中的机器和机器体系同高温高压、易燃易爆、有毒有害等诸多危险因素联系在一起,使得工业生产中发生事故的可能性大大增加,与此同时事故后果的严重程度也在大大加深。可以说,任何现代工业、现代生产都存在事故风险,同时企业职工也都存在着潜在的职业危害。

《企业职工伤亡事故分类标准》将伤亡事故分为20类:①物体打击;②车辆伤害;③机械伤害;④起重伤害;⑤触电;⑥淹溺;⑦灼烫;⑧火灾;⑨高处坠落;⑩坍塌;⑪冒顶片帮;⑫透水;⑬放炮;⑭火药爆炸;⑮瓦斯爆炸;⑯锅炉爆炸;⑰容器爆炸;⑱其他爆炸;⑲中毒和窒息;⑳其他伤害。

以上这20类伤亡事故,充分说明了现代工业生产、机器生产的复杂性和风险性,充分说明了安全生产的脆弱性和反复性。相应地,就对现代工业生产、机器生产中的安全工作提出了严格的要求。要预防和消除生产安全事故,就应当从人的因素、物的因素、环境因素和管理因素四个方面着手,不断改进和完善,才能尽可能地减少和消除危险及有害因素,确保安全生产。

而所有这些都离不开安全生产规章制度,离不开这些安全规则的约束。

除了工业生产领域内人为造成的风险,还有来自自然领域内的风险危害因素,它们对人类的生产生活同样造成了巨大损失和影响。

根据国际灾难数据库的统计,在20世纪的100年间,全球发生的灾难呈指数型增长，在 20 世纪最后 10 年间自然灾难、环境灾难比上一个 10 年增加了 1.7 倍，给人的生命和财产安全造成了重大损失。根据这一数据库的统计，自然灾难对中国造成的直接经济损失，1980—1989 年为 134 亿美元，1990—1999 年为 1229 亿美元，2000—2009 年为 1816 亿美元。2010 年，仅水灾一项，中国受灾人口就达 1.4 亿人，死亡 1072 人，失踪 619 人，直接经济损失约为 2100 亿元。

自然灾害是世界各国的共同大敌，是人类生存和发展的巨大障碍。当前，由于人口快速增长、高科技的应用、经济建设规模的扩大，人为因素对自然生态的破坏导致自然灾害对人类的潜在威胁越趋严重，已经并将继续造成世界的严重不稳定。这个带有世界性的重大问题，几乎所有的国家和地区都遭受到它的威胁和破坏，因为自然灾害是不分地域的。

以目前人类的科学技术水平，完全阻止自然灾害的发生是办不到的，但它产生的灾难、导致的重大损失并不是完全不可避免或减轻的。科学技术的发展和减灾技术的进步，为处理这个全球性的问题提供了可能。1987 年 12 月 11 日，第 42 届联合国大会形成第 169 号决议，确定将 1990—1999 年定名为国际减轻自然灾害十年，简称为“国际减灾十年”或“减灾十年”。在联合国的主持下，通过国际上的一致行动，提高世界各国特别是发展中国家的防灾抗灾能力，将各国由于自然灾害造成的人民生命财产损失、社会和经济停顿降到最低程度。

1989 年底举行的第 44 届联合国大会通过了关于“国际减灾十年”的决议，宣布“国际减轻自然灾害十年”活动于 1990 年 1 月 1 日开始，每年 10 月第二个星期的星期三为国际减轻自然灾害日。

大会还通过了《国际减轻自然灾害十年国际行动纲领》(简称《行动纲领》)，确定了行动的目的和目标。行动的目的是：通过一致的国际行动，特别是在发展中国家，减轻由地震、风灾、海啸、水灾、土崩、火山爆发、森林大火、蚱蜢和蝗虫、旱灾和沙漠化以及其他自然灾害所造成的生命财产损失和社会经济的失调。其目标是:增进每个国家迅速有效地减轻自然灾害的影响能力,特别注意帮助有此需要的发展中国家设立预警系统和抗灾结构;考虑到各国文化和经济情况不同,制定利用现有科技知识的方针和策略;鼓励各种科学和工艺技术致力于填补知识方面的重点空白点;传播、评价、预测与减轻自然灾害的措施有关的现有技术资料和新技术资料;通过技术援助与技术转让、示范项目、教育和培训等方案来发展评价、预测和减轻自然灾害的措施,并评价这些方案和效力。

《行动纲领》还包括国家一级要采取的措施、联合国系统须采取的行动、减灾十年期间的组织安排、财政计划及审查等。这个纲领的产生,为在世界范围内的一致减灾活动铺平了道路,至此,“国际减轻自然灾害十年”活动全面开展。

面对自然灾害的侵袭,许多国家也纷纷采取应对措施。中国政府响应联合国的减灾十年倡议,于 1989 年 4 月成立了国家级委员会——中国国际减灾十年委员会,并已取得显著成就,初步形成了全民综合减灾的运行机制和工作体制。

人类社会包括人类的生产系统在大自然面前是很渺小、很脆弱的,不仅自然灾害会对生产工作造成巨大影响和损害,即使没有自然灾害,就算是自然因素有时也会对生产工作造成巨大影响和损害,而这一点往往很容易被人忽视。

马克思指出:“人作为自然存在物,而且作为有生命的自然存在物,一方面具有自然力、生命力,是能动的自然存在物;这些力量作为天赋和才能,作为欲望存在于人身上;另一方面,人作为自然的、肉体的、感性的、对象性的存在物,和动植物一样,是受动的、受制约的和受限制的存在物。”(中共中央编译局,1979)

也就是说,人作为有生命的自然存在物,是受大自然的制约和限制的,一方面在享受大自然的恩泽,另一方面又受到自然条件和自然规律的限制。

如今，尽管人类科技发展日新月异，同几百年前、几千年前相比生产力水平已经有了巨大的提高，但是在大自然面前仍然是一个弱者，仅仅是自然界中的气候变化就会给人类带来巨大的威胁。

2008年5月19日，第61届世界卫生大会在瑞士日内瓦开幕，世界卫生组织总干事陈冯富珍指出，食品短缺、气候变化和流感大流行是当今世界面临的三大主要威胁，国际社会需要为应对这些威胁做好充分准备。陈冯富珍说，虽然气候变化是一个渐进的过程，但它引起的极端天气现象所造成的影响却是剧烈的；穷人也是气候变化危机的最先和最严重的受害者。目前由气候变化引起的干旱和热带风暴等灾难已经给一些贫困地区造成额外压力，同时也增加了国际人道主义援助的负担。

天气、气候决定着自然生态系统和经济社会系统的状况。人类生产、生活、生存一刻都离不开地球大气，同时又时时刻刻在影响着地球大气。自古以来，人类社会积累的物质财富从根本上都源自于土地、气候等自然的恩赐，许多丰富的思想、文化和精神财富也来自于对包括天气气候在内的自然规律的观察、思考和升华。当今时代，人类社会面临的饥饿、贫困以及资源匮乏、生态退化、环境恶化等共同挑战，都不同程度地反映了天气气候对经济社会发展的影响。频发的干旱、洪涝、台风、暴雨、暴风雪、雷电乃至大气污染等极端灾害，也一再警示我们，防御和减轻极端气象灾害仍将是人类发展中必须重视和解决的重大课题。展望未来，我们将面对全球气候变暖的更大挑战。联合国政府间气候变化专门委员会（IPCC）的科学评估报告指出，最近30年是1850年以来最暖的30年，大气和海洋持续升温导致冰盖和冰川逐步缩小，海平面上升，极端天气和气候事件变得更为频繁，甚至更为剧烈，“全球气候变暖一半以上是由人类活动造成的”这一结论可信度极高。因此，我们树立什么样的价值观念、选择什么样的发展道路、采取什么样的应对举措，关乎地球的未来、气候的未来、人类的未来。

为了抓好安全生产工作，不仅要防御和减轻极端气象灾害对生产和生活的影响，就是对于非极端气象灾害甚至是一般的气候变化也要充分关注和有效应对，否则就可能引发生产事故或生活灾难。对此，国家及各省、市、区有关部门历来予以高度重视。

2009年11月13日，国务院办公厅发布《关于做好强降雪防范应对工作的通知》，指出："要努力保障交通运输安全畅通。公安、交通部门要加强对事故易发路段的巡逻，一旦发生险情，采取科学疏导车辆、除雪除冰防滑等措施，全力保障高速公路、主要国道、省道的安全畅通……要切实保障工农业生产正常运行。有关生产经营企业要认真做好暴雪可能造成的生产安全事故的防范应对工作准备，特别是要加强对电力、通信、供水、供热、供气等设施的安全检查，确保安全正常运行。"

2011年4月9日，黑龙江省人民政府发布《春季防火命令》，指出："春季是我省火灾易发季节。为切实加强春季防火安全工作，坚决预防和遏制群死群伤及连营火灾事故的发生，确保国家财产和人民生命财产安全，特发布如下命令：一、各地要高度重视，落实责任，全力确保春季防火期(3月20日至5月31日)消防安全。二、各部门、各单位要严格依法履行消防安全职责和义务。三、要突出做好大风天和高火险天气的消防安全工作。四、严格执行消防安全责任追究制度。"

2013年5月，陕西省安全生产委员会办公室印发《关于进一步做好汛期安全生产工作的紧急通知》，要求切实做好因强降雨、山洪、山体滑坡、泥石流等自然灾害引发各类生产安全事故的防范工作；要切实加强矿山企业防洪工作，大力加强地质灾害防治工作。危险化学品企业、烟花爆竹企业、民爆物品生产企业要落实防雷电措施。

2013年8月23日，国家防汛抗旱总指挥部办公室与国家安全生产监督管理总局联合印发紧急通知，要求有关部门及企业在9月中旬前，认真排查可能由洪涝灾害引发生产安全事故的隐患，矿山企业要坚决杜绝淹井（矿）事故的发生；周围存在山体滑坡、垮塌和泥石流威胁的建筑施工企业工地、企业生产厂房、物资存放场地、宿营地等，要加强巡逻检查，提前采取预防措施；设有尾矿库的企业要加强监测监控，防止溃坝事故发生；可能受山洪、洪水影响的化工企业要做好产品和原材料管理。

由于对天气、气候及周围环境等自然因素关注不够导致引发安全事故，这样的事情屡见不鲜。2009 年 3 月 11 日凌晨 1 时 45 分，承建沪宁城际铁路的中国铁道建筑总公司二十四集团有限公司安徽公司在江苏省镇江丹阳市吕城镇惠济村为劳务人员租用的一处生活用房发生爆炸并坍塌，造成 11 人死亡、20 人受伤。事故是由租用的生活用房地表及墙面残留的危险化学品铝粉粉尘遇水受潮产生化学反应，燃烧并爆炸而造成的。

工厂企业的生产系统（包括相应的辅助及配套系统）在生产运行过程中面临着上百种影响安全生产的危险和有害因素，再加上自然因素的影响，几乎可以说是面临着无数风险，要实现安全生产无事故的目标，困难可想而知。面对这些无穷多的风险，要尽量减少危险和有害因素的影响，就必须在严格遵守安全生产法律法规的同时，针对本生产单位的实际制定一整套安全生产规章制度，使全体工人在生产劳动过程中认真执行安全规则，做到“只有规定动作，没有自由动作”。

在严格遵守安全生产规则（包括安全生产法律、法规、公约、规章制度、标准、体系等）的问题上，工人必须有一个科学的态度，就是要深刻认识，制定安全规则、遵守安全规则不是在压制工人，而是在保护工人；不是工人的负担，而是工人的天职——可以想象，如果没有国家的安全生产法律法规、没有企业的安全生产规章制度，或是这些规定可以随意违反，任何人都能在安全生产工作中随心所欲、自由行事，其结果必然是安全事故接连不断，人人都是受害者。建立完善安全规则，严格遵守安全规则，这是工业革命以来无数惨痛的事故教训中得出的科学结论，不需要再用鲜血和生命加以验证。

第三节 遵守规则 遵守纪律

安全规则是企业安全生产的基石，是工人安全操作的依据，这就必然要求广大工人严格遵守各项安全生产规则和劳动纪律，成为安全规则的执行者。

作为世界上人数最多、力量最强的工人阶级队伍，中国工人在遵守安全生产规则和劳动纪律方面，不仅应当走在中国广大劳动者前列，同时还应当走在世界各国劳动者前列。对此，中国工人首先应当了解安全规则的历史沿革和它的来之不易，珍惜这些安全规则。

1845 年，恩格斯在《英国工人阶级状况》一书中，“根据亲身观察和可靠材料”，详细描述了英国工人阶级“非人的状况”，包括纺织业、金属工业、矿业等行业生产中的劳动条件、事故、职业病的恶劣状况。恩格斯认为，这种不公平现象源自于资产阶级的法律“公开宣布了无产者不是人，不值得把他当人看待”，“厂主对工人的关系并不是人和人的关系，而是纯粹的经济关系。厂主是资本，工人是劳动”。

马克思对资本主义条件下机器生产所导致的人员伤亡有着具体的描述，指出：“在这里我们只提一下进行工厂劳动的物质条件。人为的高温，充满原料碎屑的空气，震耳欲聋的喧嚣等，都同样地损害了人的一切感官，更不用说，在密集的机器中间所冒的生命危险了。这些机器像四季更迭那样规则地发布自己的工业伤亡公报。”（中共中央编译局，1975a）

资本的贪婪，导致资本主义条件下机器生产事故不断。

20 世纪初，资本主义工业生产已经初具规模，蒸汽动力和电力驱动的机械取代了手工作坊中的手工工具。这些机械在设计时很少甚至根本不考虑操作的安全和方便，几乎没有什么安全防护装置。

工人没有受过培训，操作很不熟练，加上每天长达11～13小时的工作时间，伤亡事故频繁发生。根据美国一份被称为“匹兹伯格调查”的报告，1909年美国全国的工业死亡事故高达3万起，一些工厂的百万工时死亡率达到150～200人。根据美国宾夕法尼亚钢铁公司的资料，在20世纪初的4年间，该公司的2200名职工中竟有1600人在事故中受到了伤害。

接连不断的安全事故，既给广大工人带来巨大伤害，同时也影响着工厂的正常生产和利润。工人阶级为了维护自身正当权益特别是生命权和健康权而组织起来，开展了各种反抗运动；资产阶级为了自己的私利也不愿意工伤事故发生。在这两方面因素的作用下，资本主义国家首先用法律手段来管控安全生产，颁布了相关安全生产法律。

1802年，英国国会通过《学徒健康与道德法》。

1806年，法国制定《工厂法》。

1841年，法国颁布《童工、未成年工保护法》。

1842年，英国颁布《矿山与矿山法》。

1844年，美国颁布《工厂法》。

1848年，瑞士颁布第一个限制成年人工作时间的法律。

1881年，印度颁布《工厂法》。

1890年，美国颁布《工作时间限制法》。

1914年，日本通过《工厂法》。

1918年，德国颁布《工人保护法》《工作时间法》。

马克思指出：“工厂法从一个只在机器生产的最初产物即纺织业和织布业中实行的法律，发展成为一切社会生产中普遍实行的法律，这种必然性，正如我们已经看到的，是从大工业的历史发展进程中产生的。”（中共中央编译局，1975a）

机器生产所面临的各种风险隐患是无穷的，要保证安全生产仅靠安全生产法律法规显然是远远不够的，工厂企业还必须制定各种安全生产规章制度。

自从瓦特发明了蒸汽机，史蒂芬森发明了蒸汽机车以来，蒸汽锅炉就得到了广泛应用，并成为第一次工业革命的象征。然而，蒸汽锅炉频频出事，又给社会带来巨大损害。

1865年4月27日，满载旅客的苏尔台那汽轮航行在美国密西西比河上，然而就在轮船靠近孟菲斯时，一声巨响，轮船的蒸汽锅炉发生爆炸，整个轮船沉入河底，1450人不幸遇难。这一惨痛事故，连同以往发生在美国乃至欧洲的各类大大小小的锅炉爆炸事故所造成的生命和财产损失，被人们痛苦地回忆起来，各种不满和抗议纷纷指向国会和各个锅炉制造厂商。出于人道主义和经济上的考虑，人们开始对锅炉的安全性进行认真研究。

1894年，美国成立了第一个锅炉及压力容器保险商实验室，简称UL，并且规定今后凡是在美国国土上制造的锅炉必须经过UL实验室进行安装检验并贴上UL标志才能销售。1911年，美国机械工程师学会的理事会任命了一个“制定蒸汽锅炉和其他压力容器结构以及检修标准规格委员会”；1914年又改称“锅炉规范委员会”；1917年，发布了第一个ASME（美国国家标准）锅炉规范。

从这个规范入手，此后又相继建立了一套锅炉结构和检修规则，供美国各州采用，这一标准后来又成为国际锅炉安全规范的基础。

从1916年起，尽管世界各国使用的锅炉的数量及尺寸大小都在持续增加，但严重的锅炉爆炸记录却在逐年减少。1952年9月，美国标准学会公开宣称：“在美国可能没有一个比ASME锅炉规范对全国的安全起的作用更大了。”

1922年以前，由于对机器设备的安全标准普遍重视不够，机器设备在运转时很容易出现故障、发生事故，导致工人在操纵机器生产时安全保障程度低，使人们对机器有一种畏惧和恐慌心理。然而，从事劳动保护和安全标准的工作人员却一针见血地指出，这些职业伤亡事故是完全可以避免的，关键就在于制造安全防护设施和制定、贯彻安全标准。

1922 年，砂轮制造商协会和国际工业事故组织协会联合倡导制定并批准了一项砂轮安全标准，包括砂轮储存、搬运、安装和操作安全规程，以及法兰保护、机罩、夹头、旋转式防护罩、运转速度和护罩、砂轮适用材料等的规则和规格。从此以后，由于砂轮在运转时碎裂而造成的职业伤亡就大大减少了。

此后，其他各种设备的防护装置和安全标准被一批批地制定出来，涉及各个不同的领域；不仅是机器设备，防护衣、家用电器等也有相关标准。随着安全标准的法制完善，又逐步形成了安全标准系列。如今，世界上无论是采用推荐性标准还是采用强制性标准的国家，在执行安全标准时，都运用安全法强制执行，同时还实行标以安全标志的方法，不带安全标志的产品不允许在市场上销售和使用。

由于安全标准的不断推行和安全标志的应用，世界各国的职业伤亡人数又有明显减少，安全规则在保证安全、保护工人方面发挥了巨大作用。

安全规则的发展完善是没有止境的。除了文字表述，还用颜色来表示安全与否的信息。国际标准化组织（ISO）规定了四种安全色，其中红色表示禁止、停止或防火，黄色表示警告、注意，蓝色表示指令和必须遵守，绿色表示安全状态、通行。中国的国家标准也做出了同样规定，所以交通标志都是红灯停、绿灯行。

工业革命 200 多年的发展历程，使人们充分认清了包括安全生产法律法规和规章制度在内的安全规则的巨大威力，“依靠规则管理安全”的意识在全社会进一步强化。与此同时，世界各国对于职业安全卫生还形成了以下共识，并体现在安全规则当中：

（1）所有工业职业事故和职业病的危险都可以预防。

（2）对生命、劳动能力、健康的损害是一种道义上的罪恶，对事故不采取预防措施就负有道义上的责任。

（3）事故会产生深远的社会性的损害。

(4)事故限制工作效率和劳动生产率。

(5)对职业伤害的受害者及其亲属应当进行经济补偿。

(6)职业安全卫生投入是绝对必要的,而且这种投入所创造的安全效益是投入费用的好几倍。

(7)职业安全卫生是企业及事业单位全部业务工作不可分割的一部分。

(8)采取立法、管理、技术、教育等方面的措施能有效地避免职业伤害。

(9)为预防事故所进行的努力还远未达到极限,应当继续努力。

以上认识还导致了以下工作方针:在合理和切实可行的范围内,将工作环境中的危险因素降到最低限度,预防事故的发生。

安全生产没有国界,是全人类共同的事业。要提高安全生产水平,就需要世界各国政府、企业以及相关国际组织的协调一致的行动,国际劳工公约和建议书在这方面发挥了突出作用。

国际劳工公约和建议书,主要通过国际之间相互协调的办法来改善各国工人阶级和劳动人民的劳动状况和生活条件。这项工作主要是通过国际劳工组织来完成的。

国际劳工公约是经过会员批准的,具有法律效力,会员应当遵守。国际劳工组织建议书只具有咨询性,供会员立法时参考。

国际劳工组织制定的国际劳工公约和建议书的主要依据,在第二次世界大战以前是1919年《国际劳动宪章》提出的九项原则,在第二次世界大战之后是1944年通过的《费城宣言》提出的十项原则。

国际劳工组织在历届国际劳工大会上通过的公约和建议书,其内容大多数都是改善劳动条件、保护工人安全健康方面的。

1919年,通过《工业工作时间为8小时及每周限为48小时公约》,第1号公约。

1929年,通过《防止工业事故建议书》,第31号建议书。

1931年,通过《限制煤矿工作时间公约》,第31号公约。

1935 年，通过《每周工作时间减至 40 小时公约》，第 47 号公约。

1937 年，通过《建筑业的安全规定公约》，第 62 号公约。

1953 年，通过《工作场所保护工人健康建议书》，第 97 号建议书。

1967 年，通过《准许工人搬运的最大重量公约》，第 127 号公约。

1973 年，通过《准予就业最低年龄公约》，第 138 号公约。

1981 年，通过《职业安全和卫生公约》，第 155 号公约。

1985 年，通过《职业卫生设施公约》，第 161 号公约。

安全规则，无论是法律规定还是规章制度，无论是某个国家的还是国际公约，都是对安全生产工作的强制规范，都是对以往安全生产实践的经验总结，都是人们在既定条件下对安全生产科学方法、科学规律的最新反映。所有的安全规则都在昭示我们——要想实现安全生产，就必须执行安全规则；只要违反安全规则，迟早一定发生事故。

安全规则是人们在 200 多年工业生产、机器生产中，在付出了巨大生命健康代价、社会财富代价、资源环境代价之后，才得到的宝贵财富，这些财富不仅是工人探索的结果，而且是人类智慧的结晶，值得我们倍加珍惜。作为一名工人，要珍惜这些宝贵财富，就必须学习规则、掌握规则、执行规则、维护规则。

然而，面对安全规则这一整个人类共同的财富和维护自身安全健康重要的法宝，有些中国工人并没有表现出应有的关注、尊重和敬畏，一些人在发生事故前对安全规则学习、执行不够；在发生事故后对安全规则了解、应用不够，既不能利用安全规则实现岗位安全生产，又不能利用安全规则维护自身合法权益。可以说，对安全规则的无知和践踏，不仅导致了这些人的人生悲剧，还对社会、企业和他人造成了很大伤害。违反安全规则，就会发生事故，这就是安全规则对违规者的惩罚，这样的事例太多了。只要认真遵守安全规则就能有效避免的事故，几十年来却始终接连不断地发生，这就在提醒我们，中国工人必须认真补上遵守安全生产规则这一课，决不能再因这个小问题而栽大跟头!

事故分类是指根据造成职工受到伤害的直接原因,对事故总体进行综合性的划分类别。事故分类是中国统计伤亡事故工作中应用最早的一种方法。国家标准局1986年5月31日发布、于1987年2月1日起实施的《企业职工伤亡事故分类标准》,将伤亡事故分为20类。

下面选择的是部分有典型代表意义的安全事故案例,其中有的是十分低级的违规,由此也从一个侧面反映出中国工人的安全规则意识淡薄,安全规则的掌握情况生疏;同时也反映出,安全规则在中国企业职工心中还没有确立应有的地位和权威。

案例1:车辆伤害事故案例

2014年7月19日2时57分,湖南省邵阳市境内沪昆高速公路1308千米处,一辆自东向西行驶运载乙醇的轻型货车,与前方停车排队等候的一辆大型普通客车发生追尾碰撞,轻型货车运载的乙醇瞬间大量泄漏起火燃烧,致使大客车、轻型货车等5辆车被烧毁,当场造成54人死亡,6人受伤(其中4人因伤势过重医治无效死亡),直接经济损失5300余万元。

案例2:机械伤害事故案例

1997年2月28日,湖南省桑植县燃料公司蜂窝煤公司蜂窝煤生产车间工人王某操作搅拌机时,因机器不能正常将煤料送上运输皮带,就站在搅拌机有旋转齿轮的一侧,用铁锹将机内煤料铲到出口处。在铲料过程中,王某的衣角被搅拌机的一对齿轮夹住,就想使劲把衣服拽出来,但因衣袖被夹住,整条右手臂都被齿轮向下拉去,靠自身力量已经无法挣脱,就大声呼救,但因机械噪声干扰,离他7米远处的另外3名工人没有听到。王某眼睁睁看着自己的右肘被齿轮夹得粉碎。

案例3:起重伤害事故案例

2016年4月13日5时38分,位于广东省东莞市麻涌镇大盛村的中交第四航务工程局有限公司第一工程有限公司东莞东江口预制构件厂一台通用门式起重机发生倾覆，压塌轨道终端附近的部分住人集装箱组合房，造成18人死亡，33人受伤，直接经济损失1861万元。

事故发生原因是：发生事故时驾驶人员未经国家规定的安全培训，未取得质监部门颁发的特种设备作业人员证，持伪造的特种设备作业人员证上岗；起重机遭遇特定方向的强对流天气突袭；起重机夹轨器处于非工作状态；起重机受风力作用，移动速度逐渐加大，最后由于速度快、惯性大，撞击止挡出轨遇阻碍倾覆；住人集装箱组合房处于起重机倾覆影响范围内。

案例4：触电事故案例

1995年8月19日，一家工程公司所属基础公司在大厦广场基础工程的护坡桩锚杆作业中，民工在下锚杆时，因钢筋笼将配电箱引出的380伏电缆线磨破，使钢筋笼带电，造成5人触电，送医院抢救。5人中有2人在作业中只因鞋里进了沙子，竟然脱掉鞋子光脚干活，在触电时受伤程度更加严重，这2人经抢救无效死亡，其他3人第二天出院。

案例5：灼烫事故案例

1994年8月2日，中国石化总公司某高级润滑油公司所属一公司的润滑脂装置的皂化釜岗位，工人在操作时突然喷出热料，由于现场工人多数违章着装，致使烫伤加重。在7人中，只有一人着装较符合作业劳动保护要求，烫伤面积最少，约为30%；而其他人员中有的穿的确良短袖衬衫、短裤、凉鞋等不符合要求的着装上岗，烫伤程度都较重，最重者达到80%；其中有一名工人穿拖鞋上岗，他的脚趾烫伤最重，做了截脚趾手术。

案例6：火灾事故案例

1994年6月16日下午，广东省珠海市前山裕新织染厂发生特大火灾和厂房倒塌事故。

6月16日下午，珠海市天安消防工程安装公司6名工人在前山裕新织染厂A厂房一楼棉仓安装消防自动喷淋系统，使用冲击钻钻孔装角码。16时30分，在移动钻孔位置用手拉夹在棉堆缝中的电源线时，造成电线短路，棉堆缝突然冒烟起火，在场的工人不会使用灭火器，致使火势迅速蔓延。在二至六楼上班的织染厂工人，见到有烟上楼，即自动跑出厂房。

16时45分，拱北消防中队接报后，立即出动消防车4台，消防队员16名，10分钟后赶到火场灭火。市消防局先后调集4个消防中队24台消防车参加灭火。16日19时至17日1时，省消防局又先后调集了中山、佛山、广州市消防支队的28台消防车、222名消防人员到场灭火。

由于棉花燃烧速度快，风大火猛，厂区无消防栓，消防车要到3千米以外取水，给扑救工作增加了很大困难。经过奋勇扑救，到17日3时大火基本扑灭，灭火过程中没有一人伤亡。3时30分以后，中山、佛山、广州市消防支队相继撤离，珠海市留下一个中队的40多人和4台消防车继续扑灭余火。

由于紧扎的棉包在明火扑灭后仍在阴燃，为有效地消灭火种，火场指挥部调来8台挖掘机和推土机进入厂房将阴燃的棉包铲出。8时左右，应火场指挥员的要求，厂方先后两次共派出50多名工人到三楼协助消防人员清理火种。

17日13时左右，厂方未经火场指挥员批准，自行组织约400人进入火场清理搬运残存的棉包。14时10分，A厂房西半部突然发生倒塌，造成大量人员伤亡。这次倒塌事故，死亡93人，受伤住院156人，其中重伤48人，毁坏厂房18135平方米及原材料、设备等，直接经济损失9515万元。

厂房倒塌后，珠海市立即成立了现场抢救指挥部，动员公安、武警、驻军及有关部门16000多人和大批车辆、机械参加抢救工作，先后抢救出6名工人。为消除隐患，20日17时许，用定向爆破法将东半部危楼炸毁。

案例7:透水事故案例

2010年3月28日,华晋焦煤有限责任公司王家岭矿在基建施工中发生透水事故,井下153人受困,经过八天八夜的全力抢救,被困人员中115人生还,38人死亡。

事故发生原因是:该矿20101回风巷掘进工作面附近小煤窑老空区积水情况未探明,而且在发现透水征兆后未及时采取撤出井下作业人员等果断措施,掘进作业导致老空区积水透出,造成巷道被淹和人员伤亡。

案例8:火药爆炸事故案例

2013年5月20日10时51分,位于山东省章丘市的保利民爆济南科技有限公司乳化震源药柱生产车间发生爆炸事故,造成33人死亡(其中车间工人30人,车间外施工人员3人),19人受伤,直接经济损失6600万元。

事故发生的原因是:震源药柱废药在回收复用过程中混入了起爆件中的太安,提高了危险感度。太安在4号装药机内受到强力摩擦、挤压、撞击,瞬间发生爆炸,引爆了4号装药机内的乳化炸药,从而殉爆了工房内其他部位的炸药。

案例9:中毒和窒息事故案例

2019年4月24日20时左右,安徽省六安市舒城县干汊河镇文信羽毛厂3名工作人员在对羽毛调节池进行清淤作业时,其中一人不慎坠入池中,另外两人进入池中施救随即遇险。这次事故共造成3人死亡,直接经济损失103万元。

事故发生的原因是:清污作业人员未按有限空间作业相关规定佩戴有毒气体防护用具,违规进入含有硫化氢等有毒气体的污水调节池进行清污作业;施救人员在未做好自身安全防护措施的情况下盲目施救,造成事故后果扩大。

从以上事故案例可以看出，工人违反安全规则，就直接导致了安全事故的发生，以及后果严重程度的加重；而要消除这种状况也很简单，就是严格执行各项安全规则。而这一点，既不难以理解，也不难以做到。

在执行安全规则方面，最重要的当然是执行安全生产方面的法律，在这一点上中国工人做得也不够好。

1995年7月24日，全国安全生产工作电话会议指出："在立法工作取得较大进展的同时，必须特别强调执法工作。很多不安全问题的出现都与执法不力有关，执法部门的权威也没有足够地树立起来。安全生产方面有法不依、执法不严、违法不究的现象，还在一些地区和部门严重存在……颁布了法规，就要实施，不实施，不执法，法规等于一纸空文。从这个意义上说，执法与立法同样重要。负责安全生产监察、监督的部门，一定要忠于职守，严格执法。"

2000年4月7日，全国加强安全生产防范安全事故电视电话会议指出："事故明显增多，重大、特大事故频繁发生，其重要原因，一是对安全生产和防范安全事故工作重视不够……二是有法不依，有章不循，执法不严，违法不究。主要表现在一些地方非法生产经营猖獗、安全管理混乱、安全监督薄弱，甚至有极少数人徇私舞弊、贪赃枉法、搞权钱交易。这些问题已经到了非下决心认真解决不可的时候了。"

针对这一严重问题，会议明确要求："要严格执行有关法律法规和各项规章制度。从严管理、强化监督是加强安全生产和防范安全事故的有效途径。目前，责任事故仍居高不下，占事故总数的90%以上，这种状况必须坚决改变。各地区、各部门、各单位要加强安全管理，常抓不懈，严格执行有关规定和要求，真正把各项规章制度落到实处。各监督执法部门要认真履行职责，依法行政，加强经常性的监督检查，做到执法必严，违法必究。"

2005年8月25日，《安全生产法》实施情况报告指出："执法不力。《安全生产法》明确规定了各级政府及有关部门的监管职责。检查中发现，监管部门存在‘气不壮、不适应’的问题，执法不严，不能有效制止违法行为。一是资源管理混乱……二是安全监管不到位……三是惩处力度不够……四是执法犯法和腐败行为时有发生。”在分析导致这一状况的原因时指出：“目前全社会安全生产的法制意识不强，不安全生产不认为是违法，不依法监管不认为是违法，对违法者惩处不力也不认为是违法……不少职工也缺乏安全生产知识和自我保护意识，不能运用法律手段保障自己的合法权益。”

2006 年 1 月 23 日，全国安全生产工作会议指出：“做好安全生产工作根本靠法制。要抓紧修改完善有关安全生产的法律法规，地方有关安全立法工作要加快进度。要加强安全执法工作，提高执法能力和水平，彻底改变有法不依、执法不严、违法不究的状况，维护法律法规的权威性和严肃性。对违反安全生产法律法规，酿成重特大事故的，要依法严惩、以儆效尤。”

中国安全生产领域执法不严、不力的情况，从 2005 年 11 月 27 日黑龙江省龙煤集团七台河分公司东风煤矿发生特别重大煤尘爆炸事故，导致 171 人死亡，直接经济损失 4293 万元，而对有关责任人的法律处理在事故发生近两年后还没有进行上就可看出。请看报道：

李毅中质问：七台河矿难责任人为何两年还未处理？

本报讯(记者　王冬梅)　国家安监总局局长李毅中今天(22日)再次质疑：“11·27”事故发生快两年了，移送司法机关的 10 多名责任人，为何还没有得到处理？按照有关规定，移送司法机关、如何判刑等都应该向社会公布，希望早点把处理结果透明地公布。

黑龙江省省长张左己表态：一定要记住“11.27”事故的教训，事故中该处理的干部已经处理，但造成矿难的主要责任人移交检察院后却还没有得到处理，逍遥法外，怎么得了？不能睁只眼闭只眼，要好好查！

2005 年 11 月 27 日，龙煤集团七台河分公司东风煤矿发生特别重大煤尘爆炸事故，死亡 171 人，伤 48 人。国务院调查组认定：这是一起重大责任事故。

2006 年 7 月，经国务院常务会议研究，同意对东风煤矿矿长马金光、龙煤集团七台河分公司调度室主任杨俊生等 11 人移送司法机关追究刑事责任；同意对龙煤矿业集团有限责任公司总经理侯仁等 21 人给予相应的党纪、政纪处分。

今天再次提起那次事故，李毅中的眼圈红了。11 月 21 日，李毅中特意率领督查组到东风煤矿走访，在曾经发生事故的井口，他声音略显颤抖地说："当年我就站在这里等待救护队的人员救出死难的矿工，心情非常沉痛。"

当李毅中了解到"11・27"事故中包括矿长在内的 11 名事故责任人还没有得到处理，他气愤地说："我是事故调查组组长，有权利责问事故责任追究。事故发生快两年了，为什么还没有处理结果？"李毅中当即请黑龙江省副省长刘海生了解此事。随后，当地有关方面反馈的信息是：大家都觉得很奇怪，谁都不清楚怎么回事。

在今天督查组与黑龙江省政府交换意见时，李毅中指出黑龙江省安全生产工作存在"死角漏洞"等问题。比如，七台河市在"回头看"过程中，对规模以下小企业还没有进行补课；城子河瓦斯发电机组现场查看中，发现没有瓦斯浓度监控设施；东风煤矿瓦斯抽采率只有 17%，远低于全省平均水平。

原载 2007 年 11 月 23 日《工人日报》

七台河煤矿事故导致 171 人死亡，如此惨烈的特大安全事故在国内外造成了十分恶劣的影响，黑龙江省司法机关对十多名责任人不是严格按照法律规定办案，在事故发生即将两年之时居然还没有进行处理，法律威严何在，公平正义何在呢？而另一方面，如此特大安全事故导致 171 人死亡，给多少家庭造成了灭顶之灾，带来了巨大伤害，事故责任者一直没有受到法律的惩罚，而率先公开揭露和批评这一不正常现象的居然不是遇难者的亲属和工友，而是一名曾在两年前以事故调查组组长身份带队调查的国家部委负责同志，事故死难者的亲属和工友没有运用国家法律来维护自身的合法权益，由此可见他们的安全法律、安全规则意识是多么的淡薄——这一点，正是抓好安全生产工作的大敌。

规则意识欠缺并不限于中国工人，甚至可以说，中国人从整体上讲规则意识就不够强，这从过马路这一司空见惯的事情上就可以看出来。

中国式过马路，是网友对部分中国人集体闯红灯现象的一种调侃，就是“凑够一撮人就可以走了，和红绿灯无关”。出现这种现象是大家受法不责众的从众心理影响，而不顾及交通安全。为什么大家都知道“红灯停，绿灯行，黄灯亮了等一等”，但仍会违反交通规则，甚至还冒着生命安全的风险呢？这当中就折射出人们规则意识的淡薄和法治观念的缺失。

群众规则意识淡薄和法治观念缺失，原因是多方面的。中国有着两千多年的封建专制历史，人治思想根深蒂固，人治文化传统源远流长，成为妨碍人们形成现代法治观念的一个重要因素。加之在现实生活中，有法不依、执法不严、违法不究等现象的存在，客观上就造成了“违法成本低、守法成本高”的后果，不同程度上削弱了法律和规则的权威。无视规则的风气，就会让各种潜规则落地生长，让公共秩序成为摆设，更让身处其中的个体的正当利益受损。

当然，在强化规则意识、严格遵守规则方面表现良好、堪称模范，并且取得良好安全业绩的也大有人在。请看报道：

十七年零违章的赵师傅

本报讯(记者　韩春光　通讯员　彭天增)“他 1997 年领的驾照，在交通违法现场处理记录、非现场处理记录、强制措施记录、暂扣记录、交款记录、扣留物品记录中，显示的全都是空白。换句话说，从取得驾照至今，他没有出现过一次交通违章。”12月19日上午11时左右，郑州市公安局交警支队工作人员上网进入“驾驶员信息库”查询赵伟的信息时对记者说：“赵伟是开货车的，能做到17年没有一次违章，真的太少见了。”

赵伟今年40岁，1995年从老家唐河来到郑州打工。1997年9月他考取驾照，在一家物流公司找到一份开货车的工作，一干就是15年。2012年他到深圳一家食品公司工作，仍是一位货车司机。因为从不违章，年终单位发安全奖总少不了他，每次评安全标兵肯定也有他。

17年来，赵伟是如何做到守法行车的呢？记者带着好奇电话采访了远在深圳的他。“我那年一考取驾照，父亲就叮嘱我：‘开车可要守规矩。’我也知道，一旦出事故，不仅安全难保，有可能啥都没了。”赵伟说。

实线不能轧、禁行不能闯、转弯要打灯……只要出车，法规要求的，赵伟就认真遵守，不管白天黑夜，不管有没有交警值守。

说到17年零违章，真是不易，可赵伟却很诙谐：“我打工本身就挣钱不多，要是开车不操心，光罚款都交不过来，我还吃啥？”

交谈中记者了解到，赵伟只上过小学，但在学习交通法规上一点也不含糊——随身准备一个小本，上面记有好几百条“开车注意事项”。他说，没事翻开看看，哪条不明白，就反复琢磨，直到弄明白为止。

时时小心行车是赵伟必须做到的。有时在郊外公路上行驶，看到前方有碎玻璃渣，他会靠边停车，拿着事先准备的扫帚扫干净再走。

赵伟把车辆的分级保养看成比天还大的事，行驶里程一到，他就会提醒车队领导该停车保养了。有时候因为活紧，领导想让错后几天再保养，赵伟坚决不干：“规矩不遵守，这车还咋开？”

在赵伟原来所在的那家物流公司车队，交警部门寄来的违法通知单中，从来没有他的；每年审验驾照，他都是自动过关；公司“行车安全先进”的称号他不用争，谁也抢不走。

原载 2014 年 12 月 22 日《河南日报》

这篇报道中的主人公赵伟将“守规矩”铭记在心，认真遵守，严格自律，创造出连续 17 年驾驶车辆零违章的优异成绩，这对于那些动辄违章（并不限于车辆驾驶领域）的人来说应当是一种警醒和触动，应当引起他们对自己错误和危险行为的深刻反思。

社会是由人组成的，要使这个社会正常有序，要使人与人之间文明有礼，离不开各种规范的约束；规范有成文的就是规则，不成文的就是风俗习惯。只有人人遵守规则，社会才能平安稳定，生产才能安全高效，生活才能安心舒适，人人都将是受益者；如果规范得不到应有的尊重和有效的执行，整个社会就将混乱不堪，生产将会事故不断，生活将会纠纷不断，人人都将是受害者。

规则的制定当然不是一成不变的，任何规则都有一个修改完善、与时俱进的问题，安全生产方面的规则也是如此。

2018 年 7 月 25 日，中国石油天然气集团有限公司印发《贯彻落实中共中央、国务院关于推进安全生产领域改革发展的意见实施方案》（中油质安 2018 年第 308 号），其中第三条规定：完善规章制度标准。各企业要建立健全自我约束、持续改进的内升机制，建立生产经营全过程安全生产和职业健康管理制度。要对照国家安全生产法律法规、规章制度和标准规范，结合本企业安全生产特点，及时补充完善企业安全生产规章制度和操作规程。借鉴实施国际先进标准，制修订安全生产企业标准，积极参与安全生产国家标准和行业标准制修订工作。推进安全生产和职业健康规章制度的衔接配套，加强涉及安全生产相关规章制度一致性审查，增强制度的系统性、可操作性。

企业安全生产规章制度的制定实施是关系企业安全生产和平稳运行的大事，既要保持相对稳定，不能朝令夕改，又要持续完善创新，不能封闭固化。因此,企业应对安全生产规章制度适时补充、修订和完善,以保持安全规则的适应性和生命力。

中国工人要成为安全规则的执行者,不断提高企业安全生产水平,还必须严格遵守劳动纪律。

劳动纪律在任何一个社会都是发展生产必不可少的重要因素。无论在什么社会,生产都具有社会性,它把无数执行相同的或者不同的,但却互相联系并互相补充的职能的劳动者紧密联系成为一个整体;而每个劳动者之间所产生的生产上的联系,客观上就要求劳动者必须遵守统一的规则,严格履行自己的职责和义务,只有这样生产劳动才能顺利进行,这就必然要求所有劳动者服从指挥,遵守纪律。

任何社会都有纪律。在奴隶社会和封建社会,实行的是棍棒和杀戮的纪律;在资本主义社会,实行的是经济惩罚的纪律。在社会主义制度下,在生产资料公有制基础上,出现了劳动者自觉履行自身职责的社会主义劳动纪律。列宁指出:“从社会主义革命开始起,纪律应该建筑在崭新的基础上,这种纪律就是信任工人和贫农的组织性的纪律,是同志式的纪律,是相互尊重的纪律,是在斗争中发挥独创性和主动性的纪律。”(中共中央马克思恩格斯列宁斯大林著作编译局,1958a)

社会主义纪律的代表者,首先是工人阶级——社会的最先进最有组织的阶级。工人阶级的阶级利益同社会上的绝大多数人的利益是一致的,所以工人阶级建立的纪律就成为所有劳动者和全体人民的纪律。

社会主义劳动纪律的根本特点是,它对集体的每一个成员来说既是必须遵守的,又是为他们所自觉自愿遵守的。这是因为广大劳动者清楚地知道,遵守劳动纪律,不仅关系到国家和集体的利益,同时也关系到自身的利益,因此他们将自觉遵守纪律看作是自己对集体、对国家的道义责任。

工人遵守劳动纪律,是社会化大生产的需要。要持续不断地推进现代化的机器生产，就要求生产过程的各个环节都遵守统一、同步的节奏，要求每一台机器、每一名工人都按照规定和职责完成既定的工作任务。由于机器生产自身的特点，其对纪律和秩序的要求、对工人岗位责任的要求比手工业要高得多，甚至达到了“一分一秒不能差、一丝一毫不能错”的严苛程度，工人如果没有高度的组织纪律性，是无法做到的；而一旦违反纪律，就可能引发事故，造成损失。

2004 年 2 月 15 日 11 时许，吉林省吉林市中百商厦发生特大火灾，造成 54 人死亡，70 人受伤，直接经济损失 426 万元。事故直接原因就是商厦从业人员违反劳动纪律。中百商厦这场大火起火点在三楼简易仓库，堆放了大量纸箱，还有木柜、液化气罐等易燃易爆物品。当天 9 时许，仓库管理人员临时雇用的于某在向库房送包装纸板时，将嘴上叼着的烟丢落在地然后离开，烟头引燃地面上的纸屑、纸板等可燃物。11 时左右，附近锅炉工发现仓库冒烟立即报告，商厦人员开始自行救火，但为时已晚，导致多人伤亡。工作人员在干活时违反纪律吸烟，并将烟头随处丢弃，直接导致一场人为的惨祸发生，这个教训太惨痛了。

要保证纪律的严肃性，首要的并不在于处罚的严厉，而在于它是逃脱不掉的，也就是说，只要违反纪律就一定会受处罚，尤其是在安全生产方面，无论是否引发事故，只要违规违纪就必定受到纪律的制裁。

要保证纪律的严肃性，必须发挥领导干部的表率作用。

早在两千多年前，孔子就曾说：“其身正，不令而行；其身不正，虽令不从。”

领导的表率作用，比什么都灵。领导做出了好样子，才能赢得群众的信任，才能有威信，才能有号召力，才能真正起到领导的作用。表率作用不好，光说不做，群众就要在背后指你的脊梁骨了。在这种情况下，怎么能把大家的积极性调动起来！

无论职务高低、级别大小，在纪律面前一律平等，遵守纪律是共同要求，违反纪律也同样受罚，这才能在全体工人心中树立纪律的权威。

让每名工人都树立强烈的纪律意识，人人自觉遵守各项纪律特别是安全生产纪律，绝不是一件轻而易举的事。列宁指出："树立新的劳动纪律，建立新形式的人与人的社会联系，创立吸引人们参加劳动的新形式和新方法——这需要多年甚至几十年的工作。"(中共中央马克思恩格斯列宁斯大林著作编译局，1958b)

对中国工人阶级来说，遵守纪律包括安全生产纪律，是本职，是本分，是义务，只要做到这一点，违章指挥、违章操作、违反劳动纪律的"三违"现象就会大大减少，中国安全生产水平就会大大提高。

第三章　安全职责履行者

要提高中国工人的安全素养，提高中国安全生产水平，中国工人必须成为安全职责的履行者。

只要百分之百地、不打折扣地履行好每个人的应尽职责，安全生产工作就不可能搞不好，而现实的问题就在于很多人都不能认真履行自己的安全职责。爱岗敬业、履职尽责，这对于任何一个人包括工人来说，都是本分，并不是一种高标准、严要求，但为什么在安全生产上就是做不到呢？

一名工人，在工作当中能否认真履行岗位职责包括安全生产职责，取决于两个方面，一是来自外界的强制规定，二是源自内心的自我约束。这两个方面的因素能够同时发挥作用当然最好，次一些的就是有一个方面在起作用，最差的就是哪个方面都不起作用——工人在外无压力、内无约束的情况下表现得随意、散漫，又有什么奇怪的呢？

1979年3月，应中国邀请，日本生产管理技术访华团一行十余人到上海、天津和江苏省无锡市进行参观访问，随后中方有关人员同日本访华团全体成员进行了座谈。日本日立制作部那珂工厂生产技术部部长齐木真弓说："对工人的教育问题，我到工厂发现工人随便离开岗位吸烟或边工作边吸烟。在日本工人不准在工作时间吸烟、闲谈。使我吃惊的是还有拿出报纸看的，这怎么行呢！要想办法进行培养，改变这种状况。"

1979年10月22日至11月6日，应中国物资经济学会邀请，日本物流协会访华代表团一行 10 人，先后到北京、成都、重庆、武汉、上海进行访问，参观了四个工厂、三个仓库、两个港口码头、一个汽车运输公司、一个铁路局货场。日本访华代表团成员在参观座谈中指出："对安全生产不够重视。这次在中国参观的地方，没有发现一个工人戴安全帽。"

从这两个事例可以看出，以前中国工厂工人职责问题上存在明显漏洞——要么是岗位职责制定得不严密，要么是岗位职责执行得不严格，无论是哪一种情况，都说明当时中国的企业管理工作还处于低级、原始、落后、粗放的状态，这同社会化大生产对工厂企业及工人的要求相距甚远。

大到一个社会、小到一个工厂企业，之所以能够正常运转，就在于组成这个社会、这个工厂企业的每一个组织和个人都能够各司其职、各负其责、履职尽责、完成任务。每一个局部都能按照规定完成自己的任务，由所有局部所组成的整体才能完成预定的目标，稳定有序发展，而每一个局部也才能因为整体目标的实现而获得自身的利益，这是一个十分浅显的道理。

具体到一个工厂企业，要实现它的预定目标，就必须要求每个生产经营单位和每个工人严格遵守厂规厂纪，认真完成工作任务，这样才能保证工厂企业的总目标、总任务的顺利完成；否则，一个环节、一个局部出了问题，将会连累整体工作进度，影响全局目标实现。这一点正是现代化大生产的重要特点，是生产过程的连续性和生产要素的比例性所决定的。

随着生产力的提高和科学技术的发展，市场竞争越来越激烈，现代工厂和企业要在竞争中求得生存和发展，就必须使自己的生产活动达到预定目标，这就必须确保生产过程的连续性和比例性，这又得落实到每个工人身上——工厂企业的每个工人都必须严格履行各自的岗位职责，包括生产职责和安全职责，只有这样，整个工厂企业才能目标一致、步调一致，确保各项目标任务的顺利完成，才能生存和发展。

第一节　职责概论

职责是什么？通俗地讲，就是某个职务或岗位上所必须承担的工作任务和责任。正是职责，赋予社会上的个体和团体明确的目标和任务，这样社会上所有的人员和机构才能各司其职，各负其责。

社会化大生产与手工作坊生产对工人要求最大的区别就是使工人从原先的“全能工人”转变为局部工人，而这一转变的根本原因就是社会分工和协作。因为分工，使工人能够只从事和钻研工厂企业当中少数几个甚至一个工作环节；因为协作，又需要工人之间的高度配合。在这种情况下，明确工人不同岗位的岗位职责就显得更加重要。只有明确岗位职责，工人工作才有具体遵循，企业管理才有科学依据，考核奖惩才有公平尺度。一句话，只有制定出科学合理的岗位职责，工厂企业的各项工作才能统一、规范、有序、高效，否则必将陷入一片混乱。

1969年10月8日，苏联部长会议国家劳动和工资问题委员会通过第400号决议，批准《生产企业中领导干部和从事工程技术、经济工作的专家的职务》，明确规定了有关职务的各项具体职责。在此列举两例供参考。

一、企业经理职责

(1)根据社会主义国营生产企业条例领导企业的各种活动。

(2)引导企业各下属部门实现生产的高速发展和劳动生产率的迅速提高，广泛采用新技术，科学地组织劳动、生产和管理。

(3)保证企业按规定的数量和质量指标完成国家计划下达的任务，履行对国家预算、供货单位、订货单位和银行所承担的全部责任，完成基本建设计划。

(4)在运用科学的计划方法和广泛节约材料、资金和劳动消耗定额的基础上,组织企业的生产经营活动,以实现生产上的高技术经济指标。

(5)采取培训措施,为企业提供训练有素的干部,充分利用工作人员的知识和经验,创造安全和卫生的劳动条件,改善工人和职员的住宅和文化生活条件。

(6)在社会组织的参加下,负责对干部进行社会主义劳动态度、严格维护国家利益、遵守劳动和生产纪律的教育工作,竭力促进和发扬工人、职员的首创精神。

(7)负责确保经济领导和行政领导方面的正确结合,以及为提高生产进行的精神鼓励和物质技术的正确结合;不断提高每个工作人员对他所承担的工作和集体成果的责任感。

(8)负责解决权限内的全部问题,并将其权限范围内的某些问题交给下属职能和生产部门的有关领导干部解决。

(9)坚决贯彻执行党和政府有关经济政策的决定。

二、车间主任职责

(1)负责领导车间的生产经营活动。

(2)保证计划任务的完成,有节奏地生产优质产品,有效地使用固定资产和流动资金,保证劳动生产率增长和工资增长之间的正确比例关系。

(3)领导致力于科学地组织劳动,完善生产组织和生产工艺,发展生产过程的机械化和自动化,防止出现废品和提高产品质量,挖掘潜力提高劳动生产率和生产利润率,降低产品的劳动消耗和成本。

(4)组织计划、统计工作,编制生产活动报表,开展和加强经济核算,改进劳动定额,正确运用工资和物质鼓励的形式和制度,总结和推广先进的劳动方式和方法,开展合理化建议和发明活动。

(5)保证在技术上正确使用设备和其他固定资产,并执行其维修进度表,创造安全和卫生的劳动条件,并在劳动条件方面及时给予工作人员以照顾。

(6)负责协调车间各工段长的工作。

(7)选配工人和职员,并合理使用他们。

(8)检查工作人员是否遵守生产和劳动纪律,是否遵守劳动保护、安全技术和生产卫生方面的规章制度。

(9)按照规定程序,提出奖励先进生产者和优秀工作者,并行使处分权利,提出处分破坏生产和劳动纪律者的建议。

(10)同社会组织一起负责组织社会主义竞赛,在生产集体中进行教育工作。

通过“企业经理职责”和“车间主任职责”可以看出,苏联有关方面对国民经济部门的领导干部和工作人员的职责制定得十分明确、具体、详细,一个人担负某个职务或处于某个工作岗位应该干什么,是十分清楚的,这就可以起到这样的作用:一是督促本人履职尽责,二是激励全员追求上进,三是考核奖惩有依有据,四是选拔干部客观公正。因此可以这样说,制定明确的岗位职责,从微观上讲是促进生产单位生产经营工作正常开展的基础和保证,从宏观上讲是促进国民经济持续健康发展的基础和保证,在保障整个社会有序运转上发挥着不可或缺的重大作用。

明确一个单位或企业所有岗位的职责,还有一个重要意义,就是将这个单位或企业所担负的职能或任务全部分解到每个岗位,没有一丝一毫的遗漏,这本就属于一项十分普通的基础工作,是一个单位或企业正常运行所必不可少的。从科学管理的角度讲,一个单位或企业应当事事有人管,人人有事干,而不应出现有的事没人管、有的人没事干的局面。要达到这样一种理想状态,制定出完善的岗位职责是一个关键环节——有了它,就会有序高效;没有它,只会混乱不堪。

第二节 安全生产 人人有责

多年来，中国在安全生产工作上一直流行着“安全生产，人人有责”的口号，在增强人们安全意识、提高岗位工作人员的安全责任感上发挥了一定的作用。然而，这句口号存在着一个十分明显的不足，就是无法落实，更无法考核和奖惩——由于人人都有的“责”不清晰、不具体，从而使人人都难以明确自己的安全职责，这样也就难以具体履行自己的安全职责了。所以，“安全生产，人人有责”说起来完全正确，但做起来却无法执行。

恪尽职守历来受到人们的称赞，而失职渎职则会受到批评。

埃·伯克指出：“站岗时睡大觉等于叛变投敌。”

丹·韦伯斯特指出：“责任感总是尾随着我。它像神一样，无所不在，无时不有。即使我们趁着黎明前的黑暗逃到天涯海角，也难以将它摆脱。履行职责会使我们幸福，违背职责会使我们不幸。”

门肯指出：“人一旦受到责任感的驱使，就能创造出奇迹来。”

马志尼指出：“做每一件事都是在履行职责。人人都必须为完成它而贡献出自己的聪明才智，并凭自己对义务的坚定信念，制定出自己行动的准则。”

正如丹·韦伯斯特所说，责任感伴随着每个人，谁都不能摆脱。但是，要将这个责任落到实处，就必须将它明确化、具体化，落实到具体的岗位和人员。

“安全生产，人人有责”这句话是从一般意义上讲的，并不是专门针对工人提出来的，而是适用于各行各业、千家万户的。道理很简单，因为抓好安全生产我们每个人都是受益者，而抓不好安全生产我们每个人都是受害者。当然，对于工人来说，由于他们所从事的工作的特殊性，因此所担负的安全责任比其他人更多、更大，也更光荣。

“安全生产，人人有责”，对于各行各业的人来说，爱岗敬业、恪尽职守，圆满完成本职岗位工作任务，他就是在为中国的安全生产工作做贡献——这句话也可以这样来理解，不管什么行业、什么工作、什么岗位，只要尽职尽责干好本职工作，没有引发事故、没有制造隐患，就是为安全生产工作做出了自己的一份贡献；如果他还能在危急时刻一显身手，帮助他人脱离险境，那他更是安全生产方面的功臣。

根据《中华人民共和国2019年国民经济和社会发展统计公报》，中国在校小学、中学、中职、大学学生及研究生有2.27亿人，占中国14亿人口的16.2％，提高学生和教师的安全意识和安全技能，保证每一个学生和教师的安全，在中国安全生产工作中具有特别重要的意义。2007年2月7日，国务院办公厅转发教育部《中小学公共安全教育指导纲要》，明确规定了对初中年级学生安全教育的重点内容有六个方面，其中第三部分“预防和应对意外伤害事故”，包括增强自觉遵守交通法规的意识；主动分析出行时存在的安全隐患，寻求解决方法；防止因违章而导致交通事故的发生。

交通事故是中国广大学生在日常生活和学习当中经常面临的风险，而且后果十分严重，所以每个学生、学生父母和教师都应当对教育部的这项规定高度重视，增强防范交通事故的意识和本领。

2012年5月8日20时38分，黑龙江省佳木斯市第十九中学下晚自习的初三学生涌向校门（因该校正在装修，初三学生借用第四中学校舍），没想到他们的前面正面临着一场巨大的危险——停在第四中学门前的一辆金龙大客车突然失控，在连撞两车后向校门口的学生撞来！

2012年5月28日，中共黑龙江省委、省人民政府发出《关于开展向张丽莉同志学习活动的决定》，指出：“在这生死攸关的时刻，张丽莉挺身而出，奋力推开身边学生，自己却卷入车下遭到碾压，以致双腿高位截肢。她把生的希望留给学生，把危险留给自己，用无私大爱谱写了一曲生命的赞歌。”

张丽莉老师的事迹通过各种媒体的报道，传遍了全国各地尤其是黑龙江省，引起了中央领导同志和各地群众的热切关注和深情牵挂，特别是在黑龙江省掀起了一个向张丽莉老师学习的热潮。此后，张丽莉连续获得了多项全国性和省一级的荣誉称号。5月16日，全国妇联授予张丽莉“全国三八红旗手”称号；5月17日，共青团中央、全国青联授予张丽莉“中国青年五四奖章”。

在众多媒体积极宣传张丽莉老师的先进事迹的时候，张丽莉老师在思考什么呢？请看张丽莉老师在病床上写给她的学生的信：

每个人都是最幸福的人

我最亲爱的宝贝们：

今天是我醒来的第10天，距离你们中考仅有一个月的时间了！醒来的每一天第一时间想到的都是你们！你们丽莉姐的大脑里，无一刻不浮现出所有人每分每秒积极学习、努力付出的画面。相信我善良、可爱、幸运的宝贝儿们必定会在中考之时获取辉煌战果！因为手还比较肿，所以只好打字给你们。但是不要担心我，我的身体恢复得很快，可以说一天一个样，连医生都诧异于我强大的生命力！而且，对于当时那一瞬间的选择我从未后悔过，对于今后的生活也早已欣然接受。实际上，我真心地感谢上苍，让我在迎接每一天的曙光时，真切地感慨——活着真好！今后，我会更加精彩地活，为了这个世上所有爱我的人！所以，孩子们你们要记得，你们每个人都是这个世界上最幸福的人，因为你们能够健康、快乐、平安地生活！

“展雄风，恣奔腾，三班才子胜卧龙；夺金魁，勇无畏，三班佳人最珍贵；拼百天，赢明天，才子佳人创佳绩！”——还记得我们的百天誓言吗？很抱歉我食言了，原本说好无论怎样我都会陪伴你们走到最后的，可如今我却只能遥想祝福了，原谅我的未信守承诺吧！但就像我经常说的一样，老天是不会辜负真心付出的人儿的！愿你们时时谨记“长风破浪会有时，直挂云帆济沧海”，早日拥有“会当凌绝顶，一览众山小”的感受！

另外，平日里上下学一定要注意安全，要懂得保护自己。最后送一首蔡琴的《我心是海洋》给你们，我们彼此共勉！加油，孩子们！

永远爱你们的丽莉老师

2012年5月25日

原载2012年5月30日《黑龙江日报》

张丽莉老师在信中真切地感慨——“活着真好！”张老师叮嘱她的学生要记得“你们每个人都是这个世界上最幸福的人，因为你们能够健康、快乐、平安地生活！”张老师念念不忘要求学生“平日里上下学一定要注意安全，要懂得保护自己”。

向张丽莉老师致以崇高的敬意！

张丽莉老师的安全意识和责任感，几乎可以说是中国几百万教师当中最强的了，也是很多高危企业中的工人望尘莫及的。笔者认为，应当授予张丽莉老师这样一项全国性的荣誉称号——全国最佳安全教师，不仅每个教师要向张丽莉老师学习，而且每个中国工人也应该向张丽莉老师学习。

同张丽莉老师强烈的安全意识和安全责任感相比，中国有些媒体及记者的安全素养就显得不合格了。在众多媒体对张丽莉老师事迹的报道中，既看不到对导致张丽莉老师双腿高位截肢的道路交通事故的原因分析和防范措施的报道，也看不到对加强在校学生安全教育特别是交通安全教育的报道。在对张丽莉老师事迹进行报道的同时引导全社会关注道路交通安全，这原本也是新闻媒体的重要职责，但这一职责就这样被随意放弃了。这样，当媒体大篇幅地报道张丽莉老师在这场道路交通事故中的英勇表现的同时，广大社会公众的安全意识、安全责任感以及安全技能并没有得到相应的提高，太可惜了。

由于新闻媒体在安全工作上的失职，对安全工作关注不够、报道不够、引导不够，以至于黑龙江省城市道路交通事故在学习宣传张丽莉老师的热潮中又发生了。请看报道：

抢信号　疯狂公交闯人行道

本报讯(记者　杨志勇　闫雪峰)　16日12时30分许，哈尔滨市道里区发生一起交通事故，一辆公交车沿尚志大街由北向南行驶至石头道街路口时，突然驶上人行道，将三名行人撞倒，造成当场死亡一人、经抢救无效死亡一人、重伤一人的道路交通事故。

经查，该肇事车辆隶属于哈尔滨市公共电车总公司，驾驶员朱军(男，35岁)，驾龄11年。被撞行人共有三人，杨某(女，52岁)当场死亡，关淑敏(女，48岁)经抢救无效死亡，于淑华(女，49岁)重伤，正在医院接受治疗。

经交警部门初步勘察，朱军驾驶机动车抢信号通行，采取措施不当，将车驶上人行道是引发事故的主要原因，其他违法行为待查，此案正在进一步审理之中。

原载2012年5月17日《黑龙江日报》

试想，如果黑龙江省以及全国其他媒体在报道张丽莉老师救人事迹的同时能对安全工作特别是道路交通事故给予更多的关注和报道，人民群众包括黑龙江省哈尔滨市市民的安全意识更强一些，哈尔滨市公交车司机的安全责任感更强一些，这起事故就有可能避免。

新闻媒体要坚持正确的舆论导向，其中也包括正确的安全生产导向。由于中国新闻媒体及其从业人员安全素养不高，在很多涉及安全生产的新闻报道中安全导向不够，这样就不利于提高广大社会公众的安全意识和安全技能，同时也不利于完善社会管理、堵塞安全漏洞。就以张丽莉老师勇救学生的事迹为例，媒体关注的焦点始终是张丽莉老师，却没有引导社会各方包括家长怎样教育和帮助未成年人提高自身的安全保护能力特别是防止发生车祸的能力。在这方面，新闻媒体原本是可以大有作为的。

有一种观点认为，汽车是文明进步的标志，既然它代表着文明进步，当然是越多越好了。然而，汽车越多，汽车所造成的风险就越多，汽车所引发的交通事故就越多，汽车所导致的伤亡人数就越多，这样的巨大危害，却被媒体和社会公众有意无意忽视了；相应的，对于这种巨大危害的防范也就难以被关注和重视。于是，车祸就年复一年地重复着、肆虐着，伤害着无数人特别是学生的生命安全和身体健康。

1998年6月22日，红十字和红新月国际联合会在瑞士日内瓦发布1998年《世界灾害年度报告》指出，自汽车问世一个世纪以来，世界公路交通事故共造成3000万人丧生，近年来每年至少造成50万人死亡，1000多万人受伤。报告预测，随着公路交通的发展，汽车流量增加，从1998年到2020年，世界公路交通事故造成的死亡人数将高于呼吸道感染、结核病和癌症造成的死亡人数。

报告指出，发展中国家城市公路交通事故死亡率大大高于发达国家，占世界交通事故造成死亡总人数的70%。公路交通事故每年给发展中国家造成的经济损失达530亿美元，几乎相当于它们所接受的援助总额。

报告认为，发展中国家交通事故增多的主要原因是：①公路基础设施差，公路上充斥着行人、自行车、牲畜；②交通管理不严，车辆流动混乱；③缺乏对儿童过马路的安全措施和教育，造成儿童死亡率最高；④司机培训不严，不遵守交通规则，违章开车。

《世界灾害年度报告》明确指出，由于缺乏对儿童过马路的安全措施和教育，造成儿童死亡率最高，这应当引起整个社会的高度警惕和深刻反思。

2007年3月26日是第12个全国中小学生安全教育日，教育部首次发布全国中小学安全形势分析报告。2006年全国各地上报的各类中小学校园安全事故数据表明，交通事故导致的受伤人数最多，约占全年受伤总人数的46%。

据统计，2006年各地上报的各类中小学校园安全事故中，61.61%发生在校外，其中以溺水和交通事故为主，两类事故占全年各类事故总数的50.9%,造成的学生死亡人数超过了全年事故死亡总人数的60%。从地域上来看,27.68%的安全事故发生在城市,72.32%的事故发生在农村,农村中小学安全事故发生数、死亡数和受伤数都明显高于城市。

而交通事故发生的主要原因是驾驶员违规驾驶。报告指出,教育部门要与公安、交通等部门密切合作,加大对学生上下学接送车辆的排查整治工作,开展对各类车辆驾驶员的安全教育与宣传工作,积极建立和完善校车管理制度。

对于今后如何做好中小学安全工作,报告指出,要重点加强农村地区中小学安全工作,加大农村教育投入,积极改善农村中小学办学条件;针对不同年龄阶段学生的认知特点,深入开展形式多样、生动活泼的安全教育活动,要重点加强对低年级学生的安全知识教育;努力做好学生上下学路上的安全保障工作;加强对中小学校长和教师的安全培训工作;加强学校内部管理,落实各项安全防范措施。

车祸是威胁中小学生安全的最大因素,在控制和减少这一危险因素的问题上,应该大力强调"媒体有责,记者有责"。加强对车祸特别是涉及学生的车祸的报道,分析形势,剖析原因,总结教训,提出对策,引导全社会共同关注和解决这一问题,使车祸数量和损失逐步减少,这就是新闻媒体和记者为中国安全生产做出的贡献。

"安全生产,人人有责",这里的"人人"还包括文艺工作者和解放军战士。

1988年5月4日,总参谋部、总政治部、总后勤部、广播电影电视部联合印发《关于军队协助拍摄电影片电视片动用兵力、装备的规定》,指出:"拍摄电影、电视片时,必须注意安全,严格执行武器装备的操作和使用规程,如发生事故要认真分析原因,妥善处理。"

当然,落实"安全生产,人人有责",工人的责任最直接、最重大。这是因为工人工作的场所——工厂企业,使用机器和机器体系进行生产,是风险隐患最多的地方,也是安全任务最重的地方,当然也就是安全责任最大的地方。

现代工业企业最坚实的基础和最突出的特点，就是运用机器和机器体系进行生产。正是这一点，既推动了社会生产力的大幅度提高，又导致了企业乃至全社会安全风险隐患的大幅度增加，而企业则是安全生产风险最多的地方——机器产生安全风险，企业运用机器数量最多，所以企业安全生产风险最多。

用机器代替手工劳动，能够将劳动生产率增大千倍，使人类的物质产品生产能力和保障能力大大提升，同时也使劳动强度大大降低，这当然是值得庆贺的，它展示了人类智慧的力量，体现了人类文明的进步；然而，这一成果并不是凭空得来的，人类为此付出了巨大的代价，这就是安全风险和安全事故。

世界上没有十全十美的东西，机器也不例外。马克思指出："一台机器的构造不管怎样完美无缺，但进入生产过程后，在实际使用时就会出现一些缺陷，必须用补充劳动纠正。"（中共中央编译局，1975b）马克思所说的"缺陷"，实际上是指影响机器正常运转和安全生产的故障和隐患；而他所说的"用补充劳动纠正"，则是指采取必要的措施排除故障和隐患，保障机器正常、安全生产。

2013 年 6 月 11 日，江苏省苏州市一家燃气公司办公楼食堂发生爆炸，将大约 400 平方米的三层小楼炸成一片废墟。由于正逢端午节假期，来上班的人不多，楼内的 20 人被埋，11 人因伤势严重经抢救无效死亡，其余 9 人经抢救康复。经过调查，判定这场爆炸事故是由于一条专供食堂使用的煤气管道泄漏所导致。

2016 年 7 月 19 日，一个旅行团乘坐的游览车在台湾桃园发生严重车祸和火灾，造成车上 26 人全部遇难。这辆游览车行驶到台湾高速公路 2 号桃园机场联络道西向约 3 千米处时，撞上护栏起火，游览车卡在护栏边，车门无法打开，另一侧逃生门也没有开启，车内没有人用安全锤敲碎车窗玻璃逃生，致使车上人员全部遇难。

人类运用机器生产，就是因为机器拥有材质硬、负荷大、动力强、速度快、运行久、状态稳等诸多优点。正是这些优点，使机器成为进军自然的强大武器，成为人类社会发展进步的有力工具和忠实助手，使经济社会发展步伐大大加快，社会财富迅速增长；与此同时，也使人类社会的现代化进程日益加速，呈现出五个“越来越”的特征：生产组织规模越来越大、生产运行节奏越来越快、运用科学门类越来越多、进军自然领域越来越广、开发自然程度越来越深。

人类进军自然、开发自然依靠的是什么呢？是机器。在机器的强力牵引下，人类对自然的探索和开发越来越深入，越来越逼向极限，这就导致机器生产所处环境更加恶劣、所用原料及所产产品更具有危险性，这就导致机器生产面临更多风险隐患的包围。

中国是一个海洋大国，拥有大陆海岸线 18000 多千米，中国大陆架已经被国内外不少地质学家视为世界上油气资源十分丰富的地区。早在 1957 年，石油部门在海南岛莺歌海海域调查油气苗，迈出了中国海洋石油勘探开发的第一步。2019 年，中国海洋石油集团公司生产原油 4301 万吨，占全国原油产量 19101 万吨的 22.5%，生产天然气 172 亿立方米，占全国天然气产量 1761 亿立方米的 9.8%。

海洋石油工业具有十分突出的行业特点：高投入、高科技、高风险，这里的风险既包括经济回报上的风险，也包括安全生产上的风险。由于恶劣的自然环境的影响，海洋石油工业所面临的安全生产风险是陆上石油工业的好几倍，“渤海 2 号”钻井船的翻沉，就是中国石油工人在进军海洋的征程中发生的一次重大事故灾难。

1979 年 11 月 25 日，石油工业部海洋石油勘探局“渤海 2 号”钻井船，在渤海湾迁往新井位的拖航中翻沉，造成船上职工 72 人死亡，直接经济损失 3700 多万元。这是严重违章指挥造成的，是中国石油工业史上重大的责任事故。

1980 年 8 月 25 日，国务院印发《关于处理“渤海 2 号”事故的决定》，指出：“渤海 2 号翻沉事故的发生，是由于石油部不按客观规律办事，不尊重科学，不重视安全生产，不重视职工意见和历史教训造成的。”

处理决定还明确指出:“渤海2号的事故不仅是对石油部的一个严重警告,也是对全国其他各部门和各企事业单位的一个严重警告。安全生产是全国一切经济部门和生产企业的头等大事。各企业和主管机关的行政领导同志和各级工会,都要十分重视安全生产,采取一切可能的措施保障职工的安全,努力防止事故的发生,绝对不应采取任何粗心大意、漫不经心的恶劣态度。”

1984年12月3日凌晨,印度中央邦博帕尔市的美国联合碳化物(印度)有限公司设在贫民区附近的一家农药厂发生氰化物泄漏,造成2.5万人直接死亡、55万人间接致死、20多万人永久致残的特别重大事故。

博帕尔农药厂是美国联合碳化物有限公司于1969年在印度博帕尔市建立的,用于生产西维因、滴灭威等农药。制造这些农药的原料是一种叫作异氰酸甲酯(MIC)的剧毒液体。这种液体很容易挥发,沸点约40℃,只要有极少量短时间停留在空气中,就会使人感到眼睛疼痛,如果浓度稍大就会让人窒息。在博帕尔农药厂,这种剧毒化合物被冷却储存在一个地下不锈钢储藏罐里,有45吨。

1984年12月2日晚,博帕尔农药厂工人发现异氰酸甲酯的储槽压力上升,3日0时56分,液态异氰酸甲酯以气体形式从出现漏缝的安保阀中溢出,并迅速向工厂四周扩散。毒气的泄漏犹如打开了潘多拉的魔盒。虽然博帕尔农药厂在毒气泄漏后几分钟就关闭了设备,但是已经有30吨毒气化作浓重的烟雾以每小时5千米的速度四处扩散,很快就笼罩了25平方千米的地区,几百人在睡梦中就被悄然夺走了生命,几天之内有2万多人死亡。

分析这次事故发生的主要原因可以得知,从违章操作到违法生产,出现了一系列的问题,特别是由于管理混乱,火炬系统应该点火而没有点火,造成了极为严重的后果。

自然界是人类生存和发展的根基,人类的任何活动都离不开大自然,包括安全生产也直接或间接地受到自然因素的影响。

自然界为劳动提供的并不只是材料,同时还提供正常的生产劳动环境也就是劳动条件。正因如此,人类社会的生产劳动才能安全、平稳、持续地进行下去。特别是工业革命以来,机器和机器体系的生产对自然界的依赖更大,受自然界的影响更深,同自然界的联系更紧,安全生产也是如此;而且,工厂企业的工艺设备越先进、仪器仪表越精密、生产运行自动化程度越高,其安全生产条件就越苛刻,就越受制于自然因素,这也是安全生产工作具有长期性、艰巨性、复杂性的特点的原因所在。

自然因素对安全生产工作的影响,已经引起有关方面的高度重视,并提出了相应的应对措施。

1997 年 5 月 11 日,中共中央政治局委员、国务院副总理吴邦国在全国安全生产工作紧急电视电话会议上指出:"一些自然灾害对人民的生命财产危害也很大,必须予以高度重视。当前,东北、内蒙古等地天干物燥、大风天多,有不少火灾隐患,有的地方已经发生森林火灾。希望提高警惕,积极采取防范措施,做好减灾防灾工作。"

2008 年 1 月 12 日,国家安全生产监督管理总局局长李毅中在全国安全生产工作会议上指出:"督促各地建立健全自然灾害预报、预警、预防和应急救援体系,落实防洪、防汛、防坍塌、防泥石流等隐患点的除险加固,防范引发事故灾难。"

2010 年 4 月 1 日,国家安全生产监督管理总局副局长王德学在全国安全生产应急管理工作会议上指出:"要抓好自然灾害引发生产安全事故的预警预防工作。近些年来,异常天气多发,由于自然灾害引发了多起生产安全事故,给人民生命财产造成重大损失。切实加强可能引发生产安全事故灾难的自然灾害预警、预防工作,有效防范因自然灾害引发的生产安全事故灾难,是安全生产和应急管理工作的重要方面。各地区、各有关部门和单位一定要充分认识这项工作的重要性和紧迫性,采取有效、有力措施,积极应对,有效防范。"

国家安全生产监督管理总局于2010年4月15日公布、于2010年6月1日起施行的《企业安全生产标准化规范》对隐患排查范围与方法做出了明确规定：企业应根据安全生产的需要和特点，采用季节性检查等方式进行隐患排查。

所谓季节性检查，就是根据各季节特点组织开展的专项检查。其中，春季安全检查以防雷、防静电、防解冻跑漏为重点；夏季安全检查以防暑降温、防台风、防洪防汛为重点；秋季安全检查以防火、防冻保温为重点；冬季安全检查以防火、防爆、防煤气中毒、防冻防凝、防滑为重点。这种季节性检查，防范的就是自然因素对安全生产的影响。

可见，自然因素对安全生产工作的影响是十分广泛的，也是全方位的，必须高度重视，认真对待。

之所以说落实"安全生产，人人有责"工人的责任最直接、最重大，还在于工人抓好企业安全生产工作，其回报最大，这个回报包括经济效益、生命健康、民生幸福、社会稳定、人权、政治等诸多方面，真可谓是"一本万利"。

抓好安全生产工作，经济效益回报巨大。

发生生产安全事故，一般都会造成多方面的损失和影响，其中经济损失有着明确的计算方法。伤亡事故经济损失按照国家标准《企业职工伤亡事故经济损失统计标准》(GB 6721—1986)进行计算，它对事故经济损失的统计范围、计算方法、评价指标和程度分级都做出了明确规定。其规定的经济损失统计范围包括直接经济损失和间接经济损失。直接经济损失是指因事故造成人身伤亡及善后处理支出的费用和毁坏财产的价值。间接经济损失是指因事故导致产值减少、资源破坏和受事故影响而造成其他损失的价值。

(1)直接经济损失的统计范围

①人身伤亡后所支出的费用

a. 医疗费用(含护理费用)；

b. 丧葬及抚恤费用;

c. 补助及救济费用;

d. 歇工工资。

②善后处理费用

a. 处理事故的事务性费用;

b. 现场抢救费用;

c. 清理现场费用;

d. 事故罚款和赔偿费用。

③财产损失价值

a. 固定资产损失价值;

b. 流动资产损失价值。

(2)间接经济损失的统计范围

①停产、减产损失价值;

②工作损失价值;

③资源损失价值;

④处理环境污染的费用;

⑤补充新职工的培训费用;

⑥其他损失费用。

按照这一计算方法,生产安全事故的全部经济损失应当包括直接经济损失和间接经济损失。而很多重大和特大事故,仅算直接经济损失就已经是一个巨额数字了。

2010 年 11 月 15 日,上海市静安区胶州路公寓大楼发生特别重大火灾事故,导致 58 人死亡,71 人受伤,直接经济损失 1.58 亿元。2013 年 6 月 3 日,吉林省德惠市宝源丰禽业有限公司发生特大火灾事故,导致 121 人死亡,76 人受伤,直接经济损失 1.82 亿元。2015 年 8 月 12 日,天津市滨海新区瑞海国际物流有限公司危险品仓库发生火灾爆炸事故,造成 165 人死亡,8 人失踪,798 人受伤,直接经济损失 68.66 亿元。

国家安全生产监督管理局2003年开展的“安全生产与经济发展关系研究”课题，针对中国20世纪80年代和90年代安全生产领域的基本经济背景数据，应用宏观安全经济贡献率的计算模型，即“增长速度叠加法”和“生产函数法”，经过理论的研究分析和数据的实证研究，得出安全生产对社会经济（国内生产总值）的综合贡献率是2.4%，安全生产的投入产出比高达1∶5.8。

对于高危行业、高危企业来说，安全生产的投入产出远远不止1∶5.8，有可能是无限大。2010年4月20日，英国石油公司（BP公司）“深水地平线”海上钻井平台在墨西哥湾水域发生爆炸并沉没，导致11名工作人员死亡，原油持续泄漏了87天，2500平方千米海水被原油覆盖，近1500平方千米海滩受到污染，继而引发影响多种生物生长的环境灾难，成为美国“史上危害最严重的海上漏油事故”。英国石油公司为墨西哥湾漏油事故支出的相关费用总额高达538亿美元。如果抓好安全生产工作，避免了这次事故，这538亿美元就可以节省下来。

可见，在安全生产上的投入，所获得的经济效益回报比我们所想象的要大得多，因此绝不能将安全生产方面的投入看作成本，而应当看作投资，而且是有着巨大的经济回报的。

(1)抓好安全生产工作，生命健康回报巨大。

1979年11月4日，中共中央政治局委员、全国人大常委会副委员长邓颖超在中华全国总工会九届二次执委（扩大）会议上指出：“有一条非常重要，就是怎样预防和减少工伤事故，保障安全生产，保障工人的健康、生命的安全。我最近看到一个材料，工伤事故相当大，相当厉害。我们不注意这个方面，整天要工人参加生产，发展生产，可是我们人口的损失是很难补偿的。一个工人统共十几岁、二十几岁、三十几岁、二三十年才有那么一个人啊。但我们一次工伤事故就是几十人、上百人这样牺牲，那我们还要多少年才能找得回来那么多人哪。所以这一点我提出来，请工会工作的同志考虑，是不是更要着重提一下。这是讲我们工会工作要为工人服务,你们提了一些,我再补充一点。"

抓好企业安全工作所能获得的生命健康上的回报究竟有多大?这从一些安全生产工作没有抓好、发生事故造成了巨大人员伤亡案例就可以看出:

——1995 年 6 月 29 日,韩国首都首尔市三丰百货大楼坍塌,导致 502 人死亡,937 人受伤。

——2000 年 12 月 25 日,河南省洛阳市东都商厦发生特大火灾,导致 309 人死亡。

——2005 年 2 月 14 日,辽宁省阜新矿业(集团)有限责任公司孙家湾煤矿发生特别重大瓦斯爆炸事故,造成 214 人死亡,30 人受伤。

——2013 年 4 月 24 日,孟加拉国首都达卡一栋制衣厂大楼倒塌,共造成 1127 人死亡,2437 人受伤。

——2013 年 6 月 3 日,吉林省德惠市宝源丰禽业有限公司发生特别重大火灾爆炸事故,造成 121 人死亡,76 人受伤。

——2015 年 6 月 1 日,"东方之星"号客轮在长江水面翻沉,死亡 442 人。

——2019 年 3 月 21 日,江苏省盐城市响水县生态化工园区的天嘉宜化工有限公司发生特别重大爆炸事故,造成 78 人死亡,76 人重伤,640 人住院治疗,直接经济损失 19.86 亿元。

一场安全事故,在短短几个小时甚至几分钟时间内就能让成百上千的生命迅速消失,事故危害的严重和惨烈由此可见一斑。只有抓好安全生产工作、避免伤亡事故,才能有效地保护劳动者和广大群众的安全健康。

(2)抓好安全生产工作,民生幸福回报巨大。

1995 年 7 月 24 日,中共中央政治局委员、国务院副总理吴邦国在全国安全生产工作电话会议上指出:"淮南矿务局谢一矿'6·23'

特大瓦斯爆炸事故，死伤共125人（死亡76人，伤49人），这就要影响几百个家庭的上千个亲属，给他们精神上造成极大的痛苦，影响他们的工作和生活。”

2016年9月27日，主题为“预防为主，标本兼治”的第八届中国国际安全生产论坛暨安全生产及职业健康展览会在北京开幕，国际劳工组织副总干事黛博拉·格林菲尔德作主旨演讲，明确指出，职业安全健康涉及家庭幸福、社区和谐和生产力发展。

（3）抓好安全生产工作，社会稳定回报巨大。

1989年2月26日，邓小平同志指出：“没有稳定的环境，什么都搞不成，已经取得的成果也会失掉。”（中共中央文献编辑委员会，1993）

企业安全生产状况的好坏同社会稳定之间有十分紧密的关系。可以说，安全生产抓得好，就有利于稳定；安全生产抓不好，则很容易引发人心不稳和社会混乱。

保持和维护一个稳定的环境，需要诸多方面的努力，其中抓好安全生产工作就是一个不可或缺的重要方面。因为安全生产工作直接关系到人民群众的生命安全和身体健康，一些重要企业的产品还关系着国计民生，在这方面稍有不慎就有可能引发安全事故，而一出事故就是人命关天的大事，其对社会公众的影响很容易造成社会秩序的混乱；与此同时，为了抢险救人以及事后的安全生产大检查，又会干扰和打破一定范围内原有的生产生活秩序，给人们的生产生活造成很大不便。

2007年4月16日，贵州省贵阳市息烽县小寨坝镇境内的贵阳中化开磷化肥有限公司发生二氧化硫外泄事故，大约60立方米的二氧化硫、500多立方米的三氧化二硫直接排入大气环境，加之当时正值不利于污染物扩散的气象条件，对地面空气造成严重污染。周围学校部分师生、群众吸入二氧化硫和三氧化二硫，感到呼吸不畅，出现头晕、头痛、胸闷、腹痛等症状。到4月18日下午，已有450人中毒并入院治疗，其中有 14 人症状较为严重。当地政府及医疗机构迅速对空气受到污染区域内的群众进行身体普查和入院诊治，到 4 月 25 日，全部患者痊愈出院。

中国的工厂企业绝大多数都建在城市或人口较为密集的乡镇，一旦发生安全事故造成有毒有害物质的失控或泄漏，包括有毒有害物品在运输过程中泄漏扩散，将给周围民众带来直接危害，这是中国城乡建设规划方面存在的严重问题，这种状况就给广大工人在安全生产方面赋予了更大的责任，提出了更高的要求。以前我们常说，“为官一任，造福一方”；今天我们要说，“当工人一天，保平安一厂”。

《国家安全生产科技发展规划(2004—2010)》指出：“我国严峻的安全生产问题还造成不良的社会影响，成为社会不稳定的因素。部分省市日益增多的劳动争议案件中涉及安全卫生条件和工伤保险的已超过 50%……严峻的安全生产形势已成为社会关注的焦点和热点。”

工厂企业发生安全事故将会大面积影响周围民众的正常生活，这在世界范围内都是一个普遍现象。2019 年 11 月 27 日，位于美国得克萨斯州内奇斯港的一家石化工厂发生严重火灾并两次爆炸，3 名工人在爆炸中受伤；爆炸对周围社区造成冲击，大量建筑物门窗玻璃被震碎，导致多名居民受伤，供电也因此中断。事故发生后，居住在石化工厂附近的居民称，“所有的门和玻璃都受损了，我们以为是有人轰炸了这个地区”。然而更加严重的是，这家石化工厂所生产的产品多为易燃易爆品，其中有不少被美国环境保护署列为致癌物质，因此有关部门要求这家工厂附近约 6.5 千米以内的 5 万多名居民迅速撤离该地区，在感恩节当天都不被允许回到家中。

可见，一旦发生严重安全事故，所造成的后果将是灾难性的，无论是对人的生命的伤害、对社会财富的损毁，还是对社会稳定的影响，都是十分巨大的；而事故对死难者亲属心灵上和感情上的伤害，则会终生相伴，无法摆脱。

(4)抓好安全生产工作,人权方面回报巨大。

经济社会发展,既是为了人,也要依靠人,而它的前提就是人的生命存在。正如马克思和恩格斯所说:“任何人类历史的第一个前提无疑是有生命的个人的存在。”(中共中央编译局,1972b)因此,保障人的生命和健康,不仅关系到经济社会的持续发展,关系到人类文明的进步程度,更关系到人类自身的生存和发展。这不仅是经济社会发展的最大任务,更是劳动的首要前提。

为了保障人的生命安全,1948 年 12 月 10 日,联合国大会通过了《世界人权宣言》,明确规定:“人人有权享有生命、自由和人身安全。”《世界人权宣言》部分条款如下:

第一条

人人生而自由,在尊严和权利上一律平等。他们富有理性和良心,并应以兄弟关系的精神相对待。

第二条

人人有资格享有本宣言所载的一切权利和自由,不分种族、肤色、性别、语言、宗教、政治或其他见解、国籍或社会出身、财产、出生或其他身份等任何区别。

并且不得因一人所属的国家或领土的政治的、行政的或者国际的地位之不同而有所区别,无论该领土是独立领土、托管领土、非自治领土或者处于其他任何主权受限制的情况之下。

第三条

人人有权享有生命、自由和人身安全。

第二十三条

一、人人有权工作、自由选择职业、享受公正和合适的工作条件并享受免于失业的保障。

二、人人有同工同酬的权利,不受任何歧视。

三、每一个工作的人,有权享受公正和合适的报酬,保证使他本人和家属有一个符合人的生活条件,必要时并辅以其他方式的社会保障。

四、人人有为维护其利益而组织和参加工会的权利。

国务院新闻办公室发布的《1991年:中国的人权状况》指出:“生存权是中国人民长期争取的首要人权。”2004年3月召开的全国人民代表大会十届二次会议通过的《中华人民共和国宪法》(以下简称《宪法》)修正案,将“国家尊重和保障人权”载入《宪法》,使尊重和保障人权由政策主张上升为国家的法律规定,成为中国社会主义建设的奋斗目标之一。

要保障生存权,首先就得保障生命权和健康权,没有这一点,任何人权都谈不上。但在现实生活中,中国每年发生的诸多生产安全事故夺走了成千上万人的生命,对当事者的人权造成了最大的伤害。特别是煤炭、交通运输、石油化工、危险化学品等高危行业情况尤其严重,可以清楚地看到安全事故对于人权的侵蚀多么严重。为了有效地维护人民群众的人权,必须切实抓好安全生产工作。

(5)抓好安全生产工作,政治方面回报巨大。

抓好安全生产工作是一个政治问题,这是各级领导同志一再强调的。1985年1月3日,国务委员、国家经济委员会主任张劲夫在全国安全生产委员会第一次会议上指出:“安全生产的情况好不好,不仅是一个经济问题,也是一个政治问题。”

1995年2月20日,中共中央政治局委员、中央书记处书记吴邦国指出:“安全问题涉及范围广,影响面大,社会敏感性强,安全工作搞得不好,会造成一系列严重的社会、政治和经济问题。我们是社会主义国家,为了保证人民群众的安全和健康,为了促进社会的繁荣与稳定,各地区、各部门都要把安全工作当作大事来抓,不可等闲视之。”

2005年8月25日,全国人大常委会副委员长李铁映在第十届全国人民代表大会常务委员会第十七次会议上作关于检查《安全生产法》实施情况的报告指出:“安全生产关系广大人民群众的切身利益，关系改革发展稳定的大局，关系党和国家的形象，是一项政治性很强的工作。”

2020 年，中共中央总书记、国家主席、中央军委主席习近平就安全生产作出重要指示强调，当前，全国正在复工复产，要加强安全生产监管，分区分类加强安全监管执法，强化企业主体责任落实，牢牢守住安全生产底线，切实维护人民群众生命财产安全。习近平强调，生命重于泰山。各级党委和政府务必把安全生产摆到重要位置，树牢安全发展理念，绝不能只重发展不顾安全，更不能将其视作无关痛痒的事，搞形式主义、官僚主义。

中国安全生产状况引起了国际社会的关注，在每年的国际劳工组织大会上经常有说明中国职业安全卫生状况的发言，工伤事故和职业病问题也是世界人权大会和其他一些国际组织批评中国的借口。1994 年美国《新闻周刊》刊登《亚洲的死亡工厂》的文章，对中国南方“三合一”工厂发生重大伤亡事故加以指责。国际皮革、服装和纺织工人联合会秘书长尼·克内曾致函李鹏总理，指出中国政府“没有使用有力的法律手段”，要求“政府制定相应的监察机制，并停止将工厂宿舍设在工厂厂房内的做法”。一位国际劳工组织的官员说：“中国已经成为世界政治、经济大国，但不应成为工业事故的大国。”

这些都说明，安全生产水平低下，工伤事故不断，对中国的国际形象产生了很大的负面影响。只有不断加强安全生产工作，提高中国安全生产管理水平，大幅减少工伤事故及伤亡人员，才能更好地树立中国的国际形象。

工人抓好安全生产工作，就可以得到经济效益、生命健康、民生幸福、社会稳定、政治等方面的巨大回报；反过来，如果由于工人的失职引发安全事故，将会导致经济效益、生命健康、民生幸福、社会稳定、政治这几个方面的巨大损失和代价。由此可见，工人的安全生产责任是多么重大！为了履行好自己的安全职责，中国工人就必须不断提高自己的安全素质，创造更好的安全业绩。

“安全生产，人人有责”中的“人人”，并不是针对某个特定的社会群体而言的，只要是社会中的一员，就必须担负一份相应的安全责任，无论他的职业是否同安全生产直接相关。

2007年1月，河南省煤炭工业局宣布，河南将在全国首家推出煤矿企业从业人员准入资格，该制度对煤矿企业“五职矿长”及安全管理部门负责人、工程技术人员、特种作业操作人员都设置了准入条件，并要求井下技术工人以及一线采掘工人均须具有初中以上文化程度，从事瓦斯检测、安全检查、主提升机操作等岗位的人员须具有高中及以上文化程度，并取得相应岗位的操作资格证书。通过这种方法，大力提高煤矿从业人员的科学文化水平，用人员的高素质保障煤矿的安全生产。

煤矿企业从业人员准入资格制度的推出，使得相关机构和人员的安全生产责任就更加清晰起来，比如学校、教育培训机构、学生及其家长等。这些机构和人员即使没有直接的安全生产责任，但却有间接的安全生产责任，抓好学生的教育，为社会和企业培养高素质的社会主义建设事业接班人，就是在为中国安全生产工作履职尽责，做出贡献。

发生了一起安全事故，与这起事故毫无关系的路人有没有一份安全责任呢？请看报道：

切记生命的代价

本报北京4月3日讯 辽宁农民工刘明明在暴风雪中遭遇车祸，同行者事后向媒体述称，12次向人下跪求救，却屡遭冷遇，刘明明最终命丧暴风雪中。连日来，人民网“人民热线”栏目持续关注此事后续进展，3月27日，辽宁省公安厅督察处调查组向人民网披露了关于此事涉警内容的调查报告，在人民网首发后引起网友强烈反响，自称在事故中曾救助伤者的丰田车车主和司机也先后在人民网留言说明当日情况。截至目前，网友留言已经过万。

此事件中路人的冷漠令人痛心疾首，有网友留言说："谁之耻？你的，我的，国人的！何止是社会诚信的丧失！"

对救助机制的不健全，也有网友指出，人命关天，暴风雪封路，人民警察无力回天，情有可原。"但是，为什么没有想到向其他机构求援！不知道辽宁省公安厅的联动机制是否健全？调查原因固然必要，面对头顶的国徽、肩上的责任，更应当反思一下。"网友指出，我觉得政府应该好好反思一下处理突发事件的能力。以人为本，就是应该将每一个人（不管什么身份）的生命看得一样重要。还要用多少生命的代价才能让我们的政府和每一个公民记住"人命大于天"啊！

同时还有网友感叹："这场大雪让我听到看到了很多感人的故事！那天在大雪里我就亲眼看到无数帮助过路人推车的交警和群众，我觉得他们是值得尊敬的。"

何晶茹

原载 2007 年 4 月 4 日《人民日报》

正如这篇报道所称，面对车祸的受害者，路人的冷漠是中国人的耻辱！面对这种情景，即使是路人，只要具备帮助的条件，就应当及时伸出援助之手，为挽救受害者的生命尽一份力，而决不能视而不见，听而不闻。

对于社会成员来说，"安全生产，人人有责"是普遍适用的，每个人都应当担负起自己的一份安全生产责任。2013 年 5 月 14 日至 15 日，全国劳动模范、白国周班组管理法的创始人白国周在贵州盘江精煤股份有限公司谈他当班组长的经验时说："作为一名班组长，抓安全，过去总想盯住每一个组员，看着他们别违章，实际上人盯人是盯不住的。好的做法是班组长带头，发动全体组员都做好自己该做的事，哪怕这件事再小，也要一丝不苟地做好，就算上级领导没要求这么做，我们也要主动这么做。"只有人人负责、人人尽责，才会有安全生产无事故的良好局面。

落实"安全生产，人人有责"，作为企业的各级领导干部责无旁贷。2014 年 11 月 14 日，国家安全生产监督管理总局发出《生命安全是不可逾越的红线 安全法律是必须坚守的底线——关于贯彻实施新安全生产法的公开信》，指出："企业发展的潜力蕴含在员工之中。每个员工心中所想所盼，都是希望企业发展、家庭幸福，能高高兴兴上班、平平安安回家。作为企业负责人，必须把保护员工生命安全健康作为最高职责。因为它不仅关系着员工的生命安全，也连着众多家庭幸福，连着社会和谐安宁。"

同普通职工相比，企业的各级领导干部都担任一定职务，拥有相应权力，因此他们所担负的安全责任更加重大，无论是安全生产上的决策部署、执行实施、教育培训、检查整改、考核奖惩中的哪一项工作，都必须履职尽责、率先垂范，为其他工人做出榜样。

第三节 履职尽责 实现安全

在安全生产工作中履职尽责，是工人的本分，是天经地义的事，也是抓好安全生产工作的必然要求，每一个中国工人都应当成为安全职责的履行者。在这一点上，国家有关方面明确要求企业从业人员应当认真落实全员安全生产责任制。

1997 年 9 月 11 日，国务院办公厅转发劳动部《关于认真落实安全生产责任制的意见》，指出："各地区、各有关部门（行业）和企业都要建立健全安全生产考核奖惩制度，对认真履行职责、做出显著成绩的，要给予表彰奖励；对履行职责不好、安全生产目标计划不能实现的，应进行批评教育或给予相应的行政、经济处罚；对因玩忽职守、失职渎职而造成重大、特大事故的，要依照法律和其他有关规定进行严肃处理，决不姑息迁就。"意见专门强调："落实全员安全生产责任制。"

2017 年 10 月 10 日，国务院安委会办公室印发《关于全面加强企业全员安全生产责任制工作的通知》，指出："明确企业全员安全生产责任制的内涵。企业全员安全生产责任制是由企业根据安全生产法律法规和相关标准要求，在生产经营活动中，根据企业岗位的性质、特点和具体工作内容，明确所有层级、各类岗位从业人员的安全生产责任，通过加强教育培训、强化管理考核和严格奖惩等方式，建立起安全生产工作层层负责、人人有责、各负其责的工作体系。”

可见，国家对于工人在安全生产上的要求是十分明确的，就是全员负责、人人尽责。这既是工人的本职、本分，同时也是确保企业安全生产、机器安全运转的基本方法，这是自工业革命以来 200 多年无数工厂企业所反复证明了的。

对机器的巨大威力和危险，马克思有着十分深刻的认识，他指出：“在这里，代替单个机器的是一个庞大的机械怪物，它的躯体充满了整座整座的厂房，它的魔力先是由它的庞大肢体庄重而有节奏的运动掩盖着，然后在它的无数真正工作器官的疯狂的旋转中迸发出来。”(中共中央编译局，1975a)

随着科学技术的发展和市场竞争的驱使，机器越来越复杂、越来越庞大，机器体系也越来越复杂、越来越庞大，单套生产装置的生产能力不断提高，单台机器设备长宽高尺寸越来越大，体积越来越大；相应的，机器的设计、制造、运输、安装、调试、运行、维护、维修等诸多环节的工作难度也在加大，确保安全生产的责任也越来越大。

与单台机器、单套装置越来越复杂、越来越庞大的发展趋势相一致的是，单个工厂企业的规模也日益庞大，这就是工业生产集中化。现代工厂企业越来越向着自动化、生产过程连续化、高参数化和大型化的方向发展，也就是说其集中程度越来越高。这一发展趋势，更加凸显了安全生产工作的重要作用和地位。

马克思在 19 世纪所说的“庞大的机械怪物”，在 21 世纪的今天，它的“魔力”又增大了无数倍，这体现在两个互相对立的方面：在安全可控的情况下，“机械怪物”生产出产品和财富，造福民众；而在发生安全事故的情况下，“机械怪物”则会毁灭产品、财富甚至是工人的生命安全和身体健康，危害民众。究竟出现哪种状况，则直接取决于工人安全素质的高低和安全履职的好坏。

为了自身的安全健康以及企业的发展壮大，工人必须当好安全职责的履行者，特别是在科学技术高度发达、机器设备更加复杂的今天，更是如此。

工人阶级的出现，是因为工业革命的兴起和机器生产的普及，可以说，工人阶级同机器生产是互相促进、携手前行的，是一种“互相离不开”的关系。从这个角度出发，工人也应当善待机器，把机器当成自己的合作伙伴，珍惜它，爱护它，保证它的安全运转，因为保护机器就是保护自己。

在 21 世纪的今天，随着人类探索领域的更加广泛，以及劳动生产率的持续提高，机器在人类社会中的作用更加突出，地位更加提升。对工人而言，就更应当爱护机器，让机器安全、高效运转，为社会生产出更多的产品和财富，让马克思所说的“机械怪物”成为人们手中的驯服工具，按照人们的意愿运行。

机器与国民经济的关系是这样的：无数台机器组成了工厂企业，无数个工厂企业组成了某个工业行业，无数个工业行业组成了工业生产体系，以工业生产体系为主组成了一个国家的国民经济。因此，要实现国民经济的安全生产和安全发展，最终必须落实到工厂企业乃至机器设备的安全生产上去，而这个任务和责任，必须由工人来承担。

中国工人要当好安全职责的履行者，要履行哪些具体职责呢？主要有以下四个方面，包括提高安全技能、遵守安全制度、消除安全隐患、参与安全管理。

一、中国工人要提高安全技能

安全生产是一项庞大的系统工程，涉及方方面面，其中人是实现安全生产的主导方面，而在人的因素中，安全技能是重要的基础和前提。要实现安全生产无事故，工人没有较高的安全技能是不可能的。

新中国成立之初，中国工业企业中的工人一部分是原企业留下的人员，另一部分是由大批城镇失业人员、农民和解放军战士补充进来的，整个工人队伍的科学文化水平很低，安全生产知识不足，安全生产技能不高，加上原先厂矿不安全状况严重，各类伤亡事故经常发生，其严重性从以下几个 1950 年发生的事故案例就可以看出来。

1950 年 2 月 27 日，河南省洛阳地区新豫煤矿公司宜洛煤矿发生瓦斯爆炸事故，造成 176 人死亡，29 人重伤；在抢险救援过程中，又有 13 人因中毒、窒息等原因死亡，事故共导致 189 人死亡。

1950 年 3 月 6 日，重庆市民生公司民勤轮行驶到丰都附近时，船上装载的 640 桶汽油爆炸，导致 143 人死亡，其中包括船员 64 人、押运物资的解放军战士 70 人、旅客 9 人。

1950 年 4 月 20 日，辽宁省“新安号”客轮在由大连市开往烟台市途中，与美籍“金熊号”轮船相撞，“新安号”客轮沉没，导致 70 人死亡。

1950 年 6 月 14 日，位于北京市朝阳门外大街的北京辅华矿药制造厂发生爆炸、燃烧事故，导致企业人员和城市居民 42 人死亡，166 人重伤，200 多人轻伤，房屋烧毁倒塌 2339 间，受灾市民 4053 人。

1950 年 7 月 7 日，辽宁省抚顺矿务局自营铁路 1124 号货运机车与 9 号客车相撞，导致 31 人死亡。

1950 年 8 月 7 日，辽宁省抚顺市新屯电车站发生撞车事故，导致 31 人死亡，36 人重伤。

1950 年 11 月 26 日，黑龙江省鸡西市滴道街煤矿发生火灾，导致 31 人死亡。

仅这 7 起事故，就导致 537 人死亡。

从 1950 年到 1952 年的三年间，中国因事故死亡和重伤的工人中约有 80％是由于管理水平差和工人缺乏安全知识及技能造成的。

为了尽快扭转这种严峻局面，国家一方面组织开展全国性的安全卫生大检查，尽力改善作业环境和劳动条件；另一方面开始学习推广苏联劳动保护管理和安全教育经验，要求全国各厂矿企业加强对工人安全生产知识的普及和安全技术的教育。

安全生产事故频发、工人伤亡严重的严峻形势受到了《人民日报》社的关注，接连发表社论要求抓好安全生产，并对加强工人的安全技术教育提出了明确要求。

1952 年 9 月 17 日，《人民日报》发表《必须贯彻安全生产的方针》社论，指出："有的虽然制定了一些规程和制度，但形同虚设，不向工人进行安全生产的教育，致使工人没有安全的知识，因而违反操作规程和劳动纪律，事故发生后他们还诿过于工人。"

1953 年 7 月 18 日，《人民日报》发表《认真加强工厂矿山的安全技术工作》的社论，指出："加强安全技术教育。各工厂矿山的安全技术机构应设专人负责进行安全教育工作并与人事及考勤制度相结合，定出一定的教育制度。新工人入厂后必须经过初步的安全技术教育，取得业已受了教育的证明之后，才能由人事部门分配工作。此外，还应该推行定时的安全教育。"

中国工会、妇联、共青团等群众团体也广泛动员和积极推动广大工人、妇女和团员青年加强学习培训，提高业务能力。

1953 年 5 月 2 日至 11 日，在北京召开的中国工会第七次全国代表大会通过的《中华人民共和国工会章程》第一章"会员"中关于"会员的义务"，规定"努力学习政治、技术与文化，提高自己的阶级觉悟和工作能力"。大会《为完成国家工业建设的任务而奋斗》的报告中指出，"在工人中进行系统的政治、技术、文化教育""进一步开展文化技术教育，有计划有步骤地扫除文盲，提高个人文化，为掌握较高的和复杂的技术准备条件。提高工人群众的技术熟练程度，对熟练的技术工人进行技术理论教育，有计划地从工人群众中培养技术人员与管理人员"。

1953年4月15日至23日，中华全国民主妇女联合会召开第二次全国代表大会，邓颖超同志在这次大会上所作《四年来中国妇女运动的基本总结和今后的任务》的报告中指出："普遍开展妇女运动中的教育、学习运动，以求逐步扫除文盲，提高文化，学会参加生产和服务社会的本领。"

1953年6月23日至7月2日，中国新民主主义青年团第二次全国代表大会(即团的"七大")召开，大会报告指出："组织青年工人掌握技术，学习文化，培养他们尽快地成为熟练工人，这是国家的迫切需要，也是青年工人的热烈要求。我们要组织他们在实际操作中学习技术，同时，还要根据生产发展的需要和青年工人的技术、文化程度，组织他们分别参加业余的技术和文化的学习组织。团的组织应该经常了解青年的技术和文化的学习情况，帮助他们解决学习上的困难，鼓舞他们为祖国的建设而努力学习。"

为了提高工人的安全技术水平，减少生产安全事故，1954年8月11日，政务院财政经济委员会印发《批准劳动部关于进一步加强安全技术教育的决定的指示》，明确规定："各厂矿、工地必须在主要领导干部中指定一人认真负责领导；并须建立经常的安全教育制度，制定切实的安全教育计划，明确厂矿、工地中各有关方面对安全技术教育的职责与工作范围，以保证这一工作能有计划地进行；对新工人必须进行安全教育，在考试合格后方准独立操作；采用新的生产方法、添设新的技术设备、制造新产品或调换工人工作时，必须对工人进行新工作岗位和新操作法的安全教育；对行政、技术管理干部，主要应进行劳动保护政策法令、安全技术知识和安全生产工作经验教训等教育。"

1963年3月30日，国务院发布《关于加强企业生产中安全工作的几项规定》，指出："企业单位必须建立安全活动日和在班前班后会上检查安全生产情况等制度，对职工进行经常的安全教育，并且注意结合职工文化生活，进行各种安全生产的宣传活动。"

进入21世纪,国家对工人的安全教育培训更加重视,多次提出明确要求。

2004年1月9日,国务院印发《关于进一步加强安全生产工作的决定》,指出:“搞好安全生产技术培训。加强安全生产培训工作,整合培训资源,完善培训网络,加大培训力度,提高培训质量。生产经营单位必须对所有从业人员进行必要的安全生产技术培训。”

2010年7月19日,国务院印发《关于进一步加强企业安全生产工作的通知》,指出:“强化职工安全培训。企业主要负责人和安全生产管理人员,特殊工种人员一律严格考核,按国家有关规定持职业资格证书上岗;职工必须全部经过培训合格后上岗。”

2011年11月26日,国务院印发《关于坚持科学发展安全发展促进安全生产形势持续稳定好转的意见》,指出:“加强安全知识普及和技能培训。大力开展企业全员安全培训,重点强化高危行业和中小企业一线员工安全培训。”

2012年11月21日,国务院安委会印发《关于进一步加强安全培训工作的决定》,指出:“严格落实企业职工先培训后上岗制度。强化实际操作培训,强化现场安全培训。”

2016年12月9日,《中共中央 国务院关于推进安全生产领域改革发展的意见》指出,把安全生产纳入农民工技能培训内容;严格落实企业安全教育培训制度,切实做到先培训、后上岗。

从这些文件对加强工人安全技术培训的要求可以看出,国家对加强安全培训、提高工人安全技能高度重视,持续发力,采取了多方面的举措大力支持,期望在这方面能有一个明显的成效。但因种种原因,中国工人安全生产业务能力和技术水平提高得较慢,没有达到国家期望的水平,这也是导致中国安全生产水平低下、安全事故不断的一个重要原因。

1993年2月14日,河北省唐山市林西百货大楼发生火灾,导致82人死亡,55人受伤,大楼内商品全部被烧毁,直接经济损失400万元。这次火灾的直接原因是电焊工在不具备安全施工的条件下违章冒险作业，电焊火花通过凿穿的孔洞落入下一层家具厅内的海绵床垫上引起燃烧；百货大楼营业员发现起火后不会使用灭火器，打电话报警时不知道火警电话号码，延误了灭火时机。楼内工作人员既不能采取有效的自救措施，又不能迅速组织疏散逃生，结果导致伤亡惨重。

2010 年 2 月 24 日，河北省秦皇岛市抚宁县骊骅淀粉股份有限公司发生淀粉粉尘爆炸事故，导致 21 人死亡，7 人受伤，直接经济损失 1773 万元。事故原因是工人安全技能低，使用铁质工具维修振动筛和清理淀粉，产生火花，点燃玉米淀粉粉尘并导致爆炸。

从以上两起事故案例中可以看出安全技能的重要性，同时也可看出中国工人的安全技能水平是无法适应社会化大生产对工人素质提出的要求的。由于工人在安全知识上的无知和安全技能上的低下而导致的类似安全事故实在是太多了，给人民群众生命健康造成了多大的伤害、给国家财产造成了多大的损失啊！中国工人阶级应当深刻反思，坚决扭转这种不正常的现象，对策之一就是持续加强自身的安全知识和技能的学习培训，提高安全业务水平。

2012 年 11 月 21 日，国务院安委会印发《关于进一步加强安全培训工作的决定》，指出："牢固树立培训不到位就是重大安全隐患的意识。"

用"培训不到位就是重大安全隐患"来衡量，中国工人队伍、中国工厂企业里存在多少重大隐患啊！与此同时，这些"重大安全隐患"的承载者——工人，甚至还没有意识到这个问题的严重性，日复一日、年复一年地用自己"培训不到位"的安全技能在操作、在工作，他们丝毫没有察觉，自己时时刻刻身处险境，随时随地都可能引发生产安全事故，导致机(机器)毁人亡！

为了消除"培训不到位"这种"重大安全隐患"，很多企业积极采取措施，推进从业人员的安全生产履职能力的培养提高。2018 年 7

月 25 日，中国石油天然气集团有限公司印发《中国石油天然气集团有限公司贯彻落实中共中央、国务院关于推进安全生产领域改革发展的意见实施方案》（中油质安 2018 年第 308 号），其中第十八条"健全安全生产考核机制"规定：各管理层级要对同级安全生产委员会成员单位和下属单位实施严格的安全生产责任考核，实行过程考核与结果考核相结合。要建立与集团公司严格监督阶段相适应的安全生产考核评价体系，完善考核制度，细化考核内容，加大考核权重，将考核结果与经营业绩、薪酬分配、评优评先等挂钩。认真落实领导干部和岗位员工安全环保履职能力考评制度，考评结果与绩效奖金、职级升降、岗位调整、岗位推出、培训发展挂钩，严格奖惩兑现。

安全是企业的生命，同样是工人的生命。无数血淋淋的事例一再告诫我们，要实现安全生产无事故，工人没有一定的安全技能是不可能的；而要拥有相应的安全技能，中国工人就必须加强学习培训，从理论和实践两个方面不断提高自己。

二、中国工人要遵守安全制度

严格遵守安全生产规章制度是实现安全生产的基本要求，在这方面，中国工人表现得不够。

邓小平同志对制度高度重视，在 1975 年 5 月 29 日指出："有些事故发生了，还分不清是谁的责任。因此，一定要建立和健全必要的规章制度。"（中共中央文献编辑委员会，1994）

《劳动法》第五十二条规定："用人单位必须建立、健全劳动安全卫生制度，严格执行国家劳动安全卫生规程和标准。"第五十六条规定："劳动者在劳动过程中必须严格遵守安全操作规程。"

《安全生产法》第五十四条规定："从业人员在作业过程中，应当严格遵守本单位的安全生产规章制度和操作规程。"

无论是中央领导同志还是国家有关法律，都要求建立健全和严格遵守安全生产规章制度，这当然是有科学依据的。

中国春秋战国时期的著名典籍《尉缭子》一书指出："先王明制度于前，重威刑于后。"意思是说，贤明的君王明确制度法律于前，施用重刑于后。宋朝何去非指出："治国而缓法制者，亡；理军而废纪律者，败。"同样强调法律和制度的重要性。

制度之所以如此重要，就在于它用具体的规范、统一的标准、清晰的界定、明确的要求，将许多不同的人导入同样的步调、做出同样的行为，而这正是机器生产对工人最核心的要求——只有做到这一点，机器生产才能顺利进行，工业革命才能取得成功。

工人严格遵守工厂企业的规章制度，是机器设备有序运转的基本条件，同时也是实现安全生产的根本保障。规章制度在工厂企业中的建立和发展，实际上给广大劳动者提出了一个重大课题：劳动者的劳动已经从原先的分散劳动和个体劳动转变为集中劳动和集体劳动，从原先的无序劳动和自由劳动转变为有序劳动和规范劳动，必须按照制度条款所规定的去进行。

制度对于安全生产所具有的重大意义，从以下违反制度而导致的严重后果就可以清晰地展现出来。

1950年2月27日，河南省洛阳地区新豫煤矿公司宜洛煤矿老李沟井，由于工人在井下吸烟引起瓦斯爆炸，导致189人死亡。

1961年11月25日，四川省荣山煤矿由于一个工人吸烟，划燃的火柴掉进火药箱内引起炸药燃烧爆炸，导致37人死亡。

1971年8月11日，江西省岗安煤矿发生矿井火灾事故，死亡29人。事故发生前该矿采空区余煤自燃，曾有大批工人中毒晕倒。当天早班工人因隐患未排除拒绝下井，但矿领导强令工人下井，酿成大祸。

1984年3月31日，河北省保定市石油化工厂因建筑工程单位违章在厂区缓冲塔附近及其平台上动火进行焊接作业，引起油罐爆炸，继而发生火灾，炸毁油罐3座，导致16人死亡。

1991年5月30日，广东省东莞市石排镇田边管理区盆岭村个体户创办的兴业制衣厂发生火灾，导致72人死亡，47人受伤，8400平方米厂房全部烧毁，这是一系列严重违章造成的。该厂生产车间、仓库、工人宿舍在同一栋楼，原料、成品、废料、易燃物品胡乱堆放，全厂没有任何消防和安全防护设施。事故起因是当天凌晨一个工人在一楼吸烟后扔下的烟头引燃易燃物，又将楼层内的大量生产原料PVC塑料布和7万件成品雨衣烧着。该厂不仅没有防火疏散通道和紧急出口，还将很多门窗用铁条焊死，造成工人扑火无方，逃生无门。火灾造成64人熏死或烧死，有55人从窗口跳楼逃生，2人当场摔死，6人由于摔伤和烧伤过重抢救无效死亡。

2000年12月25日，河南省洛阳市东都商厦歌舞厅发生特大火灾，导致309人死亡。事故是由于该商厦地下一层东都分店非法施工，施焊人员违章作业，电焊火花溅落到地下二层家具商场的绒布、海绵床垫、沙发和木质家具等可燃物品上造成的。施焊人员明知商厦地下二层存有大量可燃物品，却在不采取任何防范措施的情况下违章作业，最终酿成大祸。

2010年7月16日，中国石油天然气集团公司大连石化公司位于大连大孤山新港码头的输油管线发生起火爆炸事故，导致一名作业人员失踪，一名消防战士在救火中牺牲，直接经济损失2.23亿元，救援费用8500万元，清理海洋环境污染费用超过11亿元。事故发生原因是，在油轮已经暂停卸油作业的情况下，负责作业的公司违规继续向输油管道中注入含有强氧化剂的原油脱硫剂，造成输油管道内发生化学爆炸。

2015年8月12日，天津市滨海新区瑞海国际物流有限公司危险品仓库发生火灾爆炸事故，造成165人死亡(其中公安消防人员110人，企业职工和周边居民55人)，8人失踪，798人受伤，直接经济损失68.66亿元。事故原因是瑞海国际物流有限公司无视安全生产主体责任，严重违反天津市城市规划，违法建设危险货物堆场，违法经营、违规储存危险物品，安全管理极其混乱，安全隐患长期存在。

从以上事故案例可以看出，违反安全生产法律法规和规章制度将会带来多么严重的后果，而这些惨烈的事故，原本只要尽工人的本分、严格遵守各项规章制度就可以避免。只有遵章守纪才能确保安全，如此简单的道理，怎么就是不懂呢？

安全生产制度是怎样得来的？是从无数安全事故中的深刻教训中得来的，实践已经证明怎样做有利于保障安全生产、怎样做将会引发事故，人们将正反两方面的认识进行总结提炼，形成条文，就成为安全生产规章制度。这是人类在付出了财产、鲜血乃至生命代价后所得到的珍贵知识，是工业生产对劳动者动作行为的客观要求，要求人们严格遵守，不得违反，否则就会为之付出代价，受到惩罚。

20世纪中叶以来，世界各国的企业管理一直在向制度化、规范化、标准化、体系化方向发展，而其中的基础就是制度化。没有制度化这“一化”，也就不可能有另外的“三化”，因为任何规范化、标准化、体系化都是由一条条的制度组成的。

中国企业的安全生产管理乃至企业管理，也必须沿着制度化、规范化、标准化、体系化“四化”方向发展，但从总体上看连第一步制度化都还做得不够，随意违反制度的情况相当严重，其他三个方面欠缺的就更多了。对此，中国工人必须从落实好制度化开始补课，人人遵守安全制度和企业其他各项规章制度，在此基础上再加快向其他“三化”迈进。

三、中国工人要消除安全隐患

1986年10月13日，时任上海市市长的江泽民同志在上海市消防工作会议上指出：“隐患险于明火。这一点必须引起大家重视。”

正如江泽民同志所说，隐患险于明火。隐患之所以比明火还危险，主要在于它是隐藏着的，单从表面看不出来，对于它什么时候会演变为事故、将是什么样的事故、后果有多严重等一概不知，自然也就不会去注意它、防范它，这就无异于“盲人骑瞎马，夜半临深池”，其危险性可想而知。

中国《安全生产法》第五十六条规定：“从业人员发现事故隐患或者其他不安全因素，应当立即向现场安全生产管理人员或者本单位负责人报告；接到报告的人员应当及时予以处理。”

中国古人曾经深刻地指出：千里之堤，毁于蚁穴。意思是说，千里长堤，会因为小小的蚂蚁洞而被毁坏，深刻地揭示了小的隐患有可能造成大的灾祸的道理。

隐患对实现安全生产会带来巨大的障碍，所以必须尽最大努力加以排查和消除。

1986 年 12 月 23 日，江泽民同志在上海市安全生产工作会议上指出：“要改变那种认为安全只是安全部门的事的观念。国务院《关于加强企业生产中安全工作的几项规定》明确指出，企业单位中的生产、技术、设计、供销、运输、财会等各有关专职机构，都应该在各自业务范围内，对实现安全生产的要求负责。这就是说，在一个企业里，安全生产工作在厂长的领导下，各职能部门在各自的业务范围内都有安全生产的职责。”

毫无疑问，企业生产运行一线岗位的工人的安全生产工作任务最直接，在消除安全隐患方面责任最重大，但是其他职能部门的工人同样也要承担安全生产工作任务，同样也要承担消除安全隐患的责任，在这方面的要求是共同的。

企业生产运行乃至经营、销售、运输过程中的安全隐患是无穷的，而其中绝大多数又集中在生产作业现场。

《匈牙利职业安全卫生国家计划(2001)》指出：“人类生存环境中，工作环境是最危险的，比其他的环境风险至少高出 1 至 3 倍。虽然技术与社会在进步，但是工人所面临的风险却在升高。风险的形式多样，如机械伤害、危险物品、社会与心理因素、工作的组织管理、社会与卫生设施的缺陷以及工作中人的失误等。”《澳大利亚职业安全卫生国家战略(2002—2012)》指出:“所有的工作场所都存在职业安全卫生问题。澳大利亚持续高发的工伤死亡与伤害和职业病事故对我们大家提出了严峻的挑战。每年有相当数量的人因为工作致死、严重受伤或患病。”《国际劳工组织职业安全与卫生全球战略》指出:“国际劳工组织估计每年死于与工作相关事故和疾病的工人数目超过200万,而且全球的这一数目正在上升。”

工作环境十分危险,比其他环境中的风险多几倍,存在大量职业安全卫生问题,每年发生数以亿计的安全事故和职业危害,导致200多万名工人死亡,这是一幅多么可怕的场景!这一状况的直接原因就是生产作业中的隐患太多了。

马克思早就说过:“机器的有形损耗有两种。一种是由于使用,就像铸币由于流通而磨损一样。另一种是由于不使用,就像剑入鞘不用而生锈一样。”(中共中央编译局,1975a)

问题还不仅如此。马克思指出:“机器的磨损绝不像在数学上那样精确地和它的使用时间相一致。”(中共中央编译局,1975a)也就是说,随着使用年限的延长,机器磨损的程度肯定是越来越严重,但具体磨损状况并不是同使用年限保持严格的比例关系,这就给我们评估在用机器设备的完好程度、制定相应的预防生产事故措施造成了困难。

现代工业生产是机器生产,它的一个突出特点就是集中,包括劳动者的集中、劳动资料的集中、劳动对象的集中和劳动产品的集中,与此同时各种危险有害因素也大量集中,所以消除隐患自然成为工人的重要职责和经常性的工作。

隐患对企业发展的危害众所周知,有的企业明确提出“将隐患当作事故”,有的企业则对隐患严加防范,对于发现事故隐患的个人予以奖励。工人及时发现和排除安全隐患,就相当于消除了一场事故,对企业的贡献是巨大的,当然应当得到相应的奖励,这不仅对其本人是一种肯定,同时也在这个单位和全体工人当中树立了正确的导向,激励其他人员向先进者看齐。

要保证企业正常生产运行，就必须认真排查整治安全隐患，这已得到国家有关部门的高度重视。比如，针对 2011 年一季度中国发生多起客运企业特大道路交通事故的严峻形势，公安部、交通运输部、国家安全生产监督管理总局决定从 4 月 2 日起至 6 月 30 日，在全国集中开展道路客运隐患整治专项行动，要求全国各地对在检查中发现的安全不达标的企业坚决取消相应经营资质。

隐患的危害性是十分严重的，为了保证国家财产和人民群众生命安全，同时也是为了工人的安全健康，就必须采取断然措施严加防范各种隐患，这种“严”是对企业和个人真正的关心和爱护。广大工人也应当积极行动起来，从自身做起，排查隐患，防微杜渐，确保所在岗位和企业的安全生产。

四、中国工人要参与安全管理

当今世界各国企业管理的一个明显潮流就是日益民主化，在这方面，日本企业界进行了大胆探索，取得了明显成果。

为了进一步加强企业经营管理，更好地激发职工的干劲，日本企业界对合理化建议活动高度重视，并把它看作是发动广大职工参加企业管理以致协调劳资关系的一个重要杠杆。松下电器公司专门成立“合理化建议管理委员会”，由公司经理担任主席。公司职工不论是正式工人还是临时工人，都有资格向领导者提出各种合理化建议。工人不仅可以通过书面方式提出建议，还可以直接找厂长面谈。公司接到建议一个月内必须公布采纳与否，并给予不同程度的奖励。推行合理化建议活动给日本企业带来了巨大的经济效益。日本《朝日新闻》把开展职工合理化建议活动评价为日本企业跃进的动力之一。

社会主义企业管理的特点是实行民主方法，积极引导职工参加企业各个方面的管理，其中包括安全生产民主管理。

安全生产事业是关系到工人阶级根本利益的宏伟事业，广大工人参与安全生产管理是理所应当的。工人阶级是国家和企业的主人，工人参与企业安全管理既是工人主人地位的体现，同时也是工人履行自身职责的体现。多年来，中国安全生产体制中，工人参与安全生产管理一直是其中的重要组成部分。

改革开放以来，中国对劳动保护和安全生产工作日益重视，安全监察和管理机构得到完善，力量不断加强。1979 年，国家劳动保护总局恢复劳动保护局，新成立锅炉压力容器安全监察局；1981 年又成立国家矿山安全监察局。1985 年 1 月，经国务院批准，成立全国安全生产委员会，办公室设在劳动人事部。1985 年 1 月 3 日，全国安全生产委员会成立并召开第一次会议，会上指出："认真实行和逐步完善国家监察（劳动部门）、行政管理（经济主管部门）和群众监督（工会组织）相结合的制度。"

从 1993 年到 2003 年，中国实行"企业负责、行业管理、国家监察、群众监督、劳动者遵章守纪"的安全生产工作体制。

1993 年 7 月 12 日，国务院印发《关于加强安全生产工作的通知》，指出："在发展社会主义市场经济过程中，各有关部门和单位要强化搞好安全生产职责，实行企业负责、行业管理、国家监察和群众监督的安全生产管理体制。"通知同时规定："国务院确定，劳动部负责综合管理全国安全生产工作，对安全生产行驶国家监察职权；负责安全生产工作法规、政策的研究制定；组织指导各地区，各有关部门对事故隐患进行评估和整改；代表国务院对特大事故调查结果进行批复，根据需要对特大事故进行调查。安全生产中的重大问题由劳动部请示国务院决定。"

1996 年 1 月 22 日，全国安全生产工作电视电话会议指出："确立了安全生产工作体制。'企业负责、行业管理、国家监察、群众监督、劳动者遵章守纪'的体制得到完善，加重了企业安全生产的责任，对劳动者遵章守纪提出了具体的要求。"

1996 年 12 月 26 日，全国安全生产工作电视电话会议再次指出："1993 年以来，为适应社会主义市场经济的要求，我们将'国家监察、行政管理、群众监督'的体制，发展为'企业负责、行业管理、国家监察、群众监督'。之后，又考虑到许多事故是由于劳动者违章造成的，又加上了'劳动者遵章守纪'。实践证明，它更加符合安全生产的办法。"

1998 年 6 月，根据九届全国人大一次会议批准的国务院机构改革方案，国务院对政府机构设置及其职能进行了调整，劳动部承担的安全监管职能分别交由国家经济贸易委员会、卫生部、国家质量技术监督局承担，并在国家经贸委下设安全生产局。由于机构调整和人员减少，安全生产监管工作有所削弱。

1999 年 12 月，国务院设立国家煤矿安全监察局。2000 年 12 月，国务院将国家经贸委内设的安全生产局改组为国家安全生产监督管理局，仍隶属于国家经贸委。

2003 年 3 月，根据十届全国人大一次会议批准的国务院机构改革方案，将国家经贸委管理的国家安全监督管理局改为国务院直属机构。

从 2004 年至今，中国实行"政府统一领导、部门依法监管、企业全面负责、群众参与监督、全社会广泛支持"的安全生产工作体制。

2004 年 1 月 9 日，国务院印发《关于进一步加强安全生产工作的决定》，指出："构建全社会齐抓共管的安全生产工作格局……努力构建'政府统一领导、部门依法监管、企业全面负责、群众参与监督、全社会广泛支持'的安全生产格局。"

国家法律对工人参与安全生产管理也有明确规定。

《安全生产法》第三条规定："强化和落实生产经营单位的主体责任，建立生产经营单位负责、职工参与、政府监管、行业自律和社会监督的机制。"第七条规定："工会依法对安全生产工作进行监督。生产经营单位的工会依法组织职工参加本单位安全生产工作的民主管理和民主监督，维护职工在安全生产方面的合法权益。生产经营单位制定或者修改有关安全生产的规章制度，应当听取工会的意见。”

工人参加安全管理和监督，是法律赋予工人的权利，是中国安全生产体制和机制重要组成部分，是提高工厂企业安全生产水平的重要途径。然而，在实际工作中，工人参加本单位安全生产工作民主管理和民主监督却进行得并不顺利，出现了工人有权却不敢或不能行使的不正常现象，甚至还发生了工人因进行安全生产管理监督而受到单位领导批评处罚的怪事，直接打击了工人参与安全生产管理工作的积极性。

1963 年 2 月，中华全国总工会印发《基层工会和车间工会劳动保护工作委员会工作条例(试行草案)》，规定，基层工会和车间工会可以设立劳动保护工作委员会或劳动保护委员，其职责共有 9 项，其中包括：督促和协助企业行政改善各种安全设备，检查工具、机械和各种设备的安全装置是否良好，教育职工正确使用与爱护各种设备和安全装置；协助企业行政拟定安全技术措施计划，定期检查执行情况，监督行政合理使用劳动保护经费；督促和协助企业行政，采取各种有效措施预防职业病发生，督促企业行政按规定对职工进行健康检查，对职业病患者给予积极治疗；积极参加伤亡事故的调查处理，认真分析原因，吸取教训，采取措施，预防伤亡事故的发生。

中华全国总工会同时印发《工会小组劳动保护检查员工作条例(试行草案)》，规定，工会小组可以设立劳动保护检查员，其职责共有 10 项，其中包括：经常检查各种机具和安全装置、通风、取暖、照明灯设备，发现问题及时督促有关部门处理；协助班组长和有关部门，检查有毒、易燃和易爆等危险物品的运输、保管和使用情况，教育职工严格执行操作与保管规程；教育本组工人遵守劳动纪律，充分利用工时，注意劳逸结合；发生伤亡事故时应立即报告工会小组长或车间劳动保护工作委员会，并协助班组长组织本组工人分析事故原因，吸取经验教训，采取有效措施，防止事故发生。

1975年4月7日，国务院在《关于转发全国安全生产会议纪要的通知》中指出："发动群众，加强安全管理。搞好安全生产，只靠少数人不行，要把专业管理同群众管理结合起来，充分发挥安全员网的作用。"

1979年1月15日，中华全国总工会印发《关于贯彻执行〈中共中央关于认真做好劳动保护工作的通知〉的通知》，指出："企业行政在向职工大会或职工代表大会报告工作时，应报告劳动保护工作，组织专门讨论，对那些不重视劳动保护工作的企业行政领导人提出批评，促其做出改进措施，监督执行；对那些严重失职而造成伤亡事故的领导人，必须根据情节轻重，建议上级予以严肃处理，直至撤销其职务。"

可以说，工人参与单位的安全生产管理，有着充分的依据，同时也具备深厚的群众基础，那为什么这项工作开展得并不顺利呢？深层次的原因，就是因为民主不够。

1978年12月13日，邓小平同志指出："当前这个时期，特别需要强调民主。因为在过去一个相当长的时间内，民主集中制没有真正实行，离开民主讲集中，民主太少。现在敢出来说话的，还是少数先进分子。我们这次会议先进分子多一点，但就全党、全国来看，许多人还不是那么敢讲话。好的意见不那么敢讲，对坏人坏事不那么敢反对，这种状况不改变，怎么能叫大家解放思想，开动脑筋？四个现代化怎么化法？"（中共中央文献编辑委员会，1994）

正如邓小平同志所说，在中国过去一段相当长的时间内民主集中制没有真正实行，民主太少，这就导致大多数人不敢讲话，不敢提意见，这种现象当然也会体现在企业安全生产管理当中——工人作为国家的主人和企业的主人，在企业安全生产管理上不敢讲话，不敢提意见，因为一旦讲话、提意见，就可能遭到单位领导的打击报复。这种现象不仅在二十世纪七八十年代很普遍，就算在今天也仍然存在。

1996年10月15日，煤炭部、中华全国总工会联合印发《关于落实煤矿工人行使安全生产权利的通知》，明确煤矿工人10项安全生产权利，第一条就是参与安全生产管理权——通过职工大会、职工代表大会，煤矿工人有权参与企业有关安全生产规划、管理制度、管理办法、安全技术措施和规章的制定；对不符合党和国家安全生产方针和法律法规规定的规章制度有权提出修改意见。

2006年，国家安全生产监督管理总局、中华全国总工会等7部门又联合下发《关于加强国有重点煤矿安全基础管理的指导意见》，进一步赋予了煤矿井下职工"十项权利"。

除了明确规定工人的安全生产权利外，工会也被赋予组织进行安全生产的相关职责。2005年6月22日，中华全国总工会印发《工会劳动保护工作责任制》，指出，职工在生产过程中的安全健康是职工合法权益的重要内容。各级工会组织必须贯彻"安全第一，预防为主"的方针，坚持"预防为主，群防群治，群专结合，依法监督"的原则，依据国家有关法律法规的规定，履行法律赋予工会组织的权利与义务，独立自主、认真负责地开展群众性劳动保护监督检查活动，切实维护职工安全健康合法权益。

尽管工人进行安全生产管理的各种权利有着明文规定，但在实际工作中却受到种种妨碍，行使起来困难重重。

2010年前三个月，湖南、内蒙古、山西、河南等地煤矿接连发生特别重大责任事故，既暴露出煤矿企业安全管理方面的问题，也凸显了职工安全生产权利不能有效落实。2010年4月2日，中华全国总工会下发《关于对煤炭行业职工安全生产十项权利落实情况进行检查的紧急通知》，要求各级工会严格落实煤矿企业职工安全生产"十项权利"，发动组织职工深入开展安全隐患排查治理活动，坚决遏制重特大事故发生。

2010年4月13日，《工人日报》刊登了《"尚方宝剑"在一些煤矿缘何不好使——对职工行使安全生产"十项权利"的调查》。文中披露，记者在采访中听到职工反映最多的是他们根本不敢行使“十项权利”。重庆长河煤矿掘进职工李某告诉记者，以前他在一个国有煤矿工作，后来看到小煤窑工资给得高，就辞职到小煤窑打工。可小煤窑老板根本就没有按照规定给职工配备劳动保护用品，由于他以前在国有煤矿工作，知道“十项权利”，就以此向老板提出配备劳动保护用品的要求，结果被炒了“鱿鱼”，后来还是回到国有煤矿。

工人明明拥有相关的安全生产权利，但却不敢使用、无法使用，这在中国企业当中并不是少数现象。

职工长年累月在企业工作，天天同岗位生产运行的机器设备、工艺流程、原材料、产品等打交道，对这些最了解、最熟悉，对生产劳动中的风险隐患也最清楚。因此，任何安全生产监管都比不上企业职工对安全生产的重视并进行监督管理。但是由于各种明面和潜在的阻碍，使得工人的安全生产权利行使不了，一旦行使就会受到打击报复，这就使得那些尊重生命、知道命要紧的工人选择了辞职，选择了放弃权利，那些把生存看得比生命还要紧的，则是选择了放弃权利，最后的结果就是出事，就是等死。

生产经营单位从业人员的各项安全生产权利，是《安全生产法》赋予的，从业人员不敢行使，决不能因此就轻易得出“生产经营单位从业人员安全法律意识淡薄”的结论。中国地质大学安全研究中心主任罗云在接受新闻媒体采访时指出：“矿工是被动的，是弱者。首先我们相信，只要有了文明的社会，有了经济社会的发展，安全生产状况就会改变。当然这是一种期盼，更重要的是我们自身也要强化自我的保护意识、防范意识，在作业的过程中，安全每一天。”面对职工有权不敢用、有话不敢说的困境，我们应当设身处地地从生产经营单位从业人员这一弱势群体的角度反思：要行使安全法律所赋予的权利，就有可能被企业辞退；要想在企业稳定就业，就必须闭口不语，企业职工面临着这样的两难选择，本身就已经说明安全生产法律的不完善，这就需要从立法、执法的角度加以改进完善，从而使企业职工能够放心大胆地行使各项安全生产权利。

让企业全体职工特别是普通职工扮演好安全规则执行者的角色，让他们敢于行使安全生产权利，不仅仅是职工个人的事，也不仅仅是企业内部的事，而是整个社会都应当关注和支持的事。

工人是国家的主人，同时也是企业的主人，工人以主人身份参与企业管理特别是安全生产管理，是相关法律法规明确规定了的，这也是社会主义制度的必然要求。即使是资本主义企业，一些明智的企业家也将工人视为企业的主人。日本著名企业家松下幸之助指出："以前把雇主称为主人，现在不行了，这种称呼是行不通的。现在我们公司里有从业人员一万名，因此我常想，我有一万个主人呐。"松下幸之助希望他的企业当中的每一名职工都参加管理，在他的工作领域内都被认为是"总裁"。一个资本主义国家的企业家都有这样的清醒认识，我们社会主义国家的各级领导干部以及广大工人更应提高政治觉悟，强化工人是企业主人的意识，坚决保障工人的各项民主权利。

社会主义实行生产资料公有制给企业带来的最根本的变化，就是劳动者成为生产资料的主人，广大职工以生产资料共同所有者的身份，享有对生产资料不同形式的所有权和支配权，这在社会主义企业当中最充分、最直接的体现，就是广大劳动者以主人翁的身份对企业实行民主管理。

列宁对工人群众参与国家管理予以高度重视，指出："工人群众应当把组织全国范围的监督和生产这个工作担当起来。"(中共中央马克思恩格斯列宁斯大林著作编译局，1958c)列宁在全俄工会第二次代表大会上的报告中指出，工会组织"除了统计、统一规格、统一组织的任务之外，还有一个更高的更重要的任务，这就是教会群众做管理工作。"(中共中央马克思恩格斯列宁斯大林著作编译局，1958d)

只有民主管理，才能真正体现劳动者作为生产资料主人的身份，才能从根本上调动劳动者的积极性和创造性，也才能从根本上否定那种物对人的统治，最终实现马克思主义所设想的人对物的统治。

第四章　安全道德践行者

要提高中国工人的安全素养，提高中国安全生产水平，中国工人应当成为安全道德的践行者。

安全生产是一项宏大的系统工程，涉及诸多学科、诸多领域、诸多方面，要抓好安全生产工作，不仅需要相应的物质条件，而且需要发挥人的主观能动性；不仅需要人的安全技能，而且需要人的安全道德——在很多情况下，不是安全设施和安全技能，而是安全道德在挽救人的生命。

1852 年 2 月，英国商船“伯根黑德”号航行到南非时遭遇恶劣天气，在开普敦海岸附近触礁。在船体即将倾覆的危急关头，船长萨尔蒙德做出了一个惊人而又让人折服的决定：他下令将船上仅有的三艘救生艇优先留给老弱妇孺，而包括他在内的全体船员暂不离船。最终这些优先登上救生艇的人得救了，包括船长在内的所有船员却葬身大海。萨尔蒙德牺牲了，但他的行为受到了英国皇家海军的褒奖，也使“老弱妇孺优先逃生、船长最后离船”这一信条成为海难发生时的一项光荣传统，铸造了永不沉没的船长精神，这也正是安全道德和安全责任的集中体现。

2001 年 9 月 20 日，中共中央印发《公民道德建设实施纲要》，指出，将法制建设与道德建设结合起来，通过公民道德建设的不断升华和拓展，逐步形成与发展社会主义市场经济相适应的社会主义道德体系。

《公民道德建设实施纲要》明确指出：“职业道德是所有从业人员和在职业活动中应该遵循的行为准则，涵盖了从业人员与服务对象、职业与职工、职业与职业之间的关系。随着现代社会分工的发展和专业化程度的增强，市场竞争日趋激烈，整个社会对从业人员职业观念、职业态度、职业技能、职业纪律和职业作风的要求越来越高。要大力倡导以爱岗敬业、诚实守信、办事公道、服务群众、奉献社会为主要内容的职业道德，鼓励人们在工作中做一个好建设者。”

《公民道德建设实施纲要》还指出：“要把遵守职业道德的情况作为考核、奖惩的重要指标，促使从业人员养成良好的职业习惯，树立行业新风。”

2019 年 10 月，中共中央、国务院印发《新时代公民道德建设实施纲要》，指出：“坚持提升道德认知与推动道德实践相结合，尊重人民群众的主体地位，激发人们形成善良的道德意愿、道德情感，培育正确的道德判断和道德责任，提高道德实践能力尤其是自觉实践能力，引导人们向往和追求讲道德、尊道德、守道德的生活。”

人类的社会历史证明，劳动创造了人本身，劳动是人类社会存在和发展的基本前提，人类社会的物质财富和精神财富，无一不是劳动创造的，没有生产劳动，就不能解决衣食住行问题，人类就不能生存，社会就不能发展。只有依靠生产劳动，才能不断发展生产，改善生活，促进人类文明发展进步。正如马克思所说：“任何一个民族，如果停止劳动，不用说一年，就是几个星期，也要灭亡，这是一个小孩都知道的。”(中共中央编译局，1972c)

生产劳动直接关系到整个人类的生死存亡和文明进步，其作用和意义无论怎样强调都不为过，正因如此，确保生产劳动的顺利进行当然也就成为一件十分重要的事，安全生产的功效由此凸显。特别是在当今风险社会，安全生产在整个经济社会发展中的作用不断增大，地位不断提升，在这种形势下，进一步强化安全道德建设，充分发挥安全道德在促进安全生产工作中的独特作用，就成为一项重大而紧迫的任务。

第一节 道德概论

"道德"一词在中国古代典籍中含义比较广泛,"道"的最初含义是指事物运动变化的规则或规律,以后又引申为应该遵循的原则、规范或途径。"德"的含义偏重于主观方面,一般是指人们在实行"道"的过程中内心有所感悟,也就是认识了"道",内得于心、外施于人就是"德"。老子虽然写了《道德经》,但那是指《道经》和《德经》,在老子那里,道和德还是两个概念。

"道德"二字合用,始于春秋时期的管仲,他说:"君之在国都也,若心之在身体也,道德定于上,则百姓化于下矣。"其中后两句话的意思是说,只要统治者确定和奉行社会道德规范和行为准则,那么老百姓就会接受教化。此后,在一般古代典籍中,"道德"一词就被广泛使用,其含义是指人们应当遵循的行为准则或规范。

在西方,"道德"一词起源于拉丁语"摩里斯"(mores),意思是指风尚和习俗,后来又演变成内在本性、性格、品德等意思。

那么,我们现在所说的"道德"又是什么意思呢?

在人类的一切活动中,任何人都不能离开社会单独生存,都必须同他人进行交往和交流,因此人们之间必然会产生各种各样的关系,除了人与人之间的关系外,还有个人与集体、社会、阶级、国家之间的关系等,人们生活在种种复杂的关系当中,不可避免地会产生各种矛盾和冲突,对待这些矛盾和冲突又会有各种不同的态度、立场和行为,这就会对他人和社会产生或有利或有害的影响。因此,为了维持社会秩序的稳定和社会生活的正常进行,一定的社会或阶级就需要有一定的规范来约束人们的行为,调节人们之间的关系,而道德就是这种规范之一。

同法律规范、政治规范、经济规范相比,道德规范是以善恶评价标准来调整人们的行为的,是依靠社会舆论、传统习俗和人的内心信仰来维持和其作用的，也就是说，它是依靠个人的自我约束和社会舆论产生作用，而不是依靠强制力来执行。所以，道德就是人类社会中依靠社会舆论、传统习惯和内心信念来维持的，以善恶评价为标准的规范、意识和行为活动的总和。

要发挥好道德这一准则和规范的作用，必须深刻认识道德的本质特征。

第一，道德是以善恶评价方式来把握现实世界的。

科学、艺术、道德是人类把握世界的三种方式。从科学上把握世界，就是认识真理和谬误；从艺术上把握世界，就是认识美和丑；从道德上把握世界，就是认识善和恶。人类把握世界的这三种方式，互相联系，互相区别，不能互相替代，真理问题是科学认识的中心问题，艺术形象问题是艺术的中心问题，善恶则是道德把握现实世界的中心问题。

第二，道德不是依靠国家强制执行，而是依靠人们的内心信念、社会舆论和风俗习惯来维持的。

在道德的践行中，人们以自己的善和恶、正义与非正义、公正和偏私、诚实和虚伪等道德观念评价自己和其他人的行为，从而调节人们之间的关系。这并不是说道德没有强制作用，而是说道德的"强制"作用不是来自于国家，而是来自于舆论的压力、公众的谴责、良心的自责。良心是无形的"法庭"，社会舆论代表群众的"裁判"，任何违反道德规范的思想和行为都难以逃脱它的"审判"。

第三，道德是以个人为主体来认识和调节个人与他人、个人与集体、个人与国家和社会之间的利益关系的。

加强道德修养、践行道德规范，通常要求人们自觉主动地为他人、为集体、为国家和社会着想，以个人做出必要的节制和自我牺牲为前提，而且这种自我节制和牺牲是自觉自愿、积极主动的，是不求任何个人利益回报的，正如一句西方谚语所说：道德之途通往牺牲之谷。

第二节　安全道德　安全动力

抓好安全生产工作根本在人，不仅在于人的安全知识和安全技能，而且在于人的安全道德和安全责任感。道理很简单，安全知识和安全技能属于能力范围，安全道德和安全责任感属于动力范围，要抓好安全工作，能力和动力不仅一样都不能少，而且一样都不能弱。

抓好安全生产难度很大，这是世界各国公认的。工业革命200多年来，全世界没有任何一个国家没有发生过生产安全事故、交通安全事故，甚至没有一个国家达到某一年没有发生过生产安全事故、交通安全事故，这足以说明抓好安全生产工作是一项极其复杂、极其困难的事。

2016年9月27日，第八届中国国际安全生产论坛暨安全生产及职业健康展览会上，国际劳工组织副总干事黛博拉·格林菲尔德作主旨演讲，明确指出："职业安全健康涉及家庭幸福、社区和谐和生产力发展。"黛博拉·格林菲尔德还强调："到2030年，我们要切实减少由危险化学品、空气、水和土壤污染物所引起的疾病和死亡，要努力为所有工人创造更安全的工作环境。"

安全事故给整个人类社会造成的灾祸如此之大，包括生命健康和物质财富等方面，实在是令人触目惊心，而这种灾祸是没有国别之分的，中国也一样。

长期以来，中国安全生产水平在世界各国当中属于较低国家之列，无论是安全生产理论还是安全生产实践都较为落后，由此也给人民群众的生命健康和国家财产造成巨大损失，给经济社会的持续健康发展造成了巨大阻碍，给社会和谐和社会稳定造成了巨大干扰。

发生安全事故，给人民群众的生命和财产造成巨大损害，其影响不仅仅在国内，还会扩散到国际上，给中国的国际形象造成负面影响。

工人阶级作为先进生产力的代表，必须担负起自身的重大历史使命和职责，在创造社会财富的同时还要确保广大人民群众（当然也包括劳动者即工人自身）的安全健康，确保经济社会发展有一个安全稳定的社会环境，确保社会主义中国在世界上保持良好的形象声誉，确保中国工人阶级为世界安全生产做出应有贡献。为了实现这“四个确保”，工人阶级就必须抓好安全生产工作，就必须大力践行安全道德，使广大工人成为安全道德的践行者。

人类文明发展进步，社会财富持续增加，是需要耗费成本、付出代价的，这个成本和代价不仅包括大自然的各种资源，甚至包括劳动者的生命安全和身体健康，当然，在社会发展的不同时期，这种成本和代价付出的内容及数量是不同的。西方工业发达国家在工业革命之后一百多年的时间里，所付出的劳动者的安全健康代价是十分巨大的。20世纪中叶以来，随着人类的发展观、财富观、人力资源观的不断丰富完善，重视和关爱人的生命已经成为世界各国的共识，成为一种不可抗拒的潮流。在这种时代背景下，安全生产日益受到各国的高度重视。

抓好安全生产最重要、最根本的功效，是为了保障人的生命安全和身体健康，并进而保护作为万物之灵的人的智慧潜能，以促进人的全面发展。从“安全为了生产”到“安全为了人的生命”，不仅反映了对安全工作规律的认识在深化，更体现出以人为本已经成为全社会的共同追求。

以人为本首先要以生命为本，科学发展首先要安全发展，和谐社会首先要关爱生命，已经成为全社会的共识。抓好安全生产，其根本目的就是为了保护劳动者和人民群众的生命安全和身体健康，同时也就保护了他们的智慧潜能，这样才能保持生命健康的完整。

要抓好安全生产，首先必须正确认识安全生产在人类社会发展中的极端重要性；要正确认识安全生产的极端重要性，就必须准确把握安全生产重于一切、高于一切、先于一切、胜于一切的地位，因为安全就是生命。随着人类文明的发展进步，关爱生命已经成为社会进步的重要标志，成为世界各国的普遍行动，从以下一些主题活动就可以看出这些国家对安全的重视和支持。

美国：每年6月20日至27日，美国安全工程师学会开展全国作业车间安全周活动；每年10月，美国国家安全委员会组织开展全美安全大会及展览会。

加拿大：每年6月，加拿大安全工程协会组织开展加拿大职业安全卫生周活动。

法国：从2008年10月开始，每年10月举办公共安全日活动。

日本：从1927年开始，在每年7月1日至7日开展全国安全周活动；从1951年开始，在每年10月1日至7日开展全国劳动卫生周活动。

韩国：每年7月1日举行全国安全日活动。

印度：从1975年开始，每年3月4日举行全国安全日活动。

泰国：在1986年6月举办了首次安全周活动，并规定每年6月的第一周为安全周。

中国：1980年到1984年，开展全国安全生产月活动；1991年到2001年，开展安全生产周活动；2002年至今，每年6月开展安全生产月活动。

不仅如此，联合国、国际劳工组织、世界卫生组织等国际组织对安全也高度关注，先后组织开展了相关活动。

1989年，世界卫生组织在瑞典举行的第一届世界事故和伤害预防会议上，正式提出"安全社区"的概念，来自50多个国家的500多名代表通过了《安全社区宣言》，明确指出："任何人都享有健康和安全的权利。"并确定，这一原则是世界卫生组织推进全人类健康及全球预防意外及伤害控制计划的基本原则。1991年6月，世界卫生组织安全社区促进中心在瑞典举行了第一届国际安全社区大会，重点讨论了社区参与事故控制及意外伤害预防的重要性。

1996年,国际自由贸易联盟发起了世界职业安全卫生日活动,以纪念由于工作而受伤或死亡的工人。2001年4月,国际劳工组织决定,将4月28日作为职业安全卫生国际纪念日,并关注和支持世界各国在这一天开展相关纪念活动。当年4月28日,全球有100多个国家开展了纪念活动。同时,国际劳工组织还响应国际自由贸易联盟的号召,将4月28日定为联合国官方纪念日。

世界卫生组织将2004年4月7日的世界卫生日命名为"道路安全日",主题是"道路安全,防患未然"。2007年4月23日至29日,联合国举行了第一届"全球道路安全周"活动。

2010年3月,联合国大会通过决议,将2011年至2020年确立为"道路安全行动十年",呼吁各成员国在"道路安全管理、增强道路和机动安全、增强车辆安全、增强道路使用者安全、交通事故后应对"五个方面开展工作,以减少道路交通伤害的死亡和残疾人数。

社会主义是比资本主义更高级、更先进的社会发展形态。美国、加拿大、英国、法国、德国、日本等资本主义国家对安全生产工作高度重视,安全生产水平在世界领先。相比之下,社会主义中国的安全生产工作水平在世界上还较为落后,重特大生产安全事故不断,中国工人阶级以及每一名中国工人,应当有一种安全道德上的负疚感,同时也更应当强化安全生产道德,增强安全生产动力,为中国安全生产工作开掘新的资源。

抓好安全生产工作对每一名中国工人而言都意味着沉甸甸的责任,因为每个岗位工人安全生产的好坏直接关系到"八完",也就是机器设备的完备、现场管理的完善、指标任务的完成、形象声誉的完美、社会责任的完全、人际关系的完好、生命健康的完整、幸福生活的完满。也就是说,从理论上讲任何一个普通工人的安全生产状况好坏并不只是他一个人的事,而有可能会影响全国的安全稳定大局,甚至有可能影响中国的国际形象。

工人阶级是中国社会主义现代化建设和改革开放的主力军,当然也是抓好安全生产工作的主力军，在这一点上，中国工人不仅担负着重大的职责使命，而且承担着重大的道德义务，不能躲避，无可推卸。

强化安全道德，对于促进工人更好地履行安全职责、创造安全业绩将发挥多方面的作用。

第一，安全道德能够消除不良情绪。

安全生产工作具有长期性、艰巨性、复杂性、反复性、脆弱性等特点，要想抓好十分困难，十分烦琐，十分辛苦，这就使得各级领导干部、安全生产管理人员乃至普通工人在面对安全工作时容易产生急躁、厌烦、畏难等不良情绪，而所有这些情绪都非常不利于安全生产目标的实现。

安全生产是细活，不能急躁。安全生产工作涉及的因素非常多，既包括人工因素，又包括自然因素；另一方面，安全生产的状态又十分脆弱，某个因素的变化就可能引起整体安全状态的改变，由量变到质变，最终导致发生事故。因此，对待安全生产工作必须要有耐心和细心，不能幻想一蹴而就、一劳永逸，而必须久久为功，持续发力。

安全生产很重要，不能厌烦。安全生产工作的好坏，直接关系到工人自身的生命安全和身体健康，关系到个人收入和发展前程，同时也关系到企业的正常生产和社会形象，既关乎个人利益，又关乎集体利益，意义十分重大，因此不能存在厌烦心理。

安全生产有规律，不必畏难。任何工作要顺利进行直至取得成功，都必须遵循规律，抓好社会主义安全生产也必须遵循规律，包括以人为本、按劳分配、齐抓共管三大规律。只要严格按照安全生产工作的规律办事，就一定能实现安全生产无事故的目标，没有必要畏难。

强化安全道德，增强各级领导干部和广大工人在安全生产工作中的责任感、使命感，使大家对安全生产工作确立科学的认识，从而在实际工作中树立理性的态度，保持向上的状态，拥有强大的信心，调整良好的情绪，将大大有助于安全生产工作的开展。而这一点，不仅仅是对负有安全生产责任人员提出的要求，同时也是对全社会所有人员提出的要求。

抓安全生产，首先必须要求各级领导干部重视、支持和热爱安全生产工作，坚信安全生产工作一定能够抓好，给广大基层工作者树立榜样。如果领导同志(无论他是否分管安全)都因为抓安全工作风险高、责任重而产生畏难和消极情绪，不愿去管，基层广大工人又会以什么样的状态来对待安全生产？安全生产工作又怎么可能抓好呢？

第二，安全道德能够增强精神动力。

推动安全生产工作顺利进行，不仅需要物质资源和物质力量，而且特别需要精神资源和精神力量，这是安全生产工作同其他工作的一个明显区别，而这一点在中国至今还没有得到应有的重视。

抓好安全生产工作，无论是对于企业还是对于工人，都是一项终生课题，而且是一天甚至一分一秒都不能中断的重大任务。要完成好这项任务，需要企业和工人在几年、十几年甚至几十年的时间里历尽千辛万苦、排除千难万险，这绝不是一件轻而易举的事。树立和增强安全道德，提升工人对做好安全生产工作的意义和价值的认知，增加自己对安全生产的兴趣，最大限度地激发工人在安全生产工作中的正义感、荣誉感和使命感，将大大增强广大工人抓好安全生产工作的精神动力，使工人始终以饱满的热情投入到安全生产工作当中。

道德是一种自我约束和规范，是一种自己对自己的精神上的褒贬和奖惩，能够转化为强大的精神动力，在安全生产工作中尤其需要安全道德的自我评判和自我约束。

2002 年 5 月 8 日，朱镕基同志在国务院第 58 次常务扩大会议上说："各种事故不断，特别是两次重大的空难事故，影响是非常恶劣的。面对这种情况，我的心情非常沉重，怎么就会频繁地发生这些重大事故呢？我觉得很对不起人民。"

2013 年 11 月 22 日，山东省青岛市黄岛经济技术开发区中国石油化工集团公司东黄输油管线泄漏，引发重大爆炸事故，导致62人死亡，136人受伤，直接经济损失7.5亿元。11月23日，中国石油化工集团公司董事长在事故现场向青岛人民和全国人民致歉。他说，看到事故给青岛人民生命和财产造成巨大损失，万分痛心。向逝者深深哀悼，向伤者、家属们深切慰问，并向青岛人民和全国人民深深致歉。将全力以赴不惜一切代价做好抢险救灾和善后工作，配合国务院事故调查组查出事故原因。

2013年11月28日，中国石化总部及所属100多家企事业单位在各地同时举行默哀仪式，表达中国石化集团公司干部职工对在东黄输油管线爆燃事故中遇难人员的深切悼念，中国石化集团公司还将11月22日定为中国石化安全生产警示日，告慰逝者，警示后人。

企业因为自身原因发生安全事故，导致人员伤亡和财产损失，同时也给中国的国际形象带来负面影响，企业的领导人员就必须承担相应的责任，就应该有一种道德负疚感，而这种道德负疚感将会提醒自己不能再重蹈覆辙，警醒和激励自己在安全生产工作中履职尽责，这就是一种强大的精神动力。

第三，安全道德能够弥补技能不足。

道德能够弥补智慧的不足，智慧却永远填补不了道德的空白。

抓好安全生产工作是一项严肃认真、严谨细致的工作，需要工人拥有很高的安全技能。在通常情况下，面对种种难题，工人的生产操作技能和安全技能总是有所欠缺的，难以完全适应生产和安全的需要，这当然要进一步强化安全生产业务技能培训，不断提高个人的安全水平；与此同时，增强安全道德，提高安全责任心和使命感，在开展安全生产工作时更加尽职尽责，更加爱岗敬业，更加标准规范，这在一定程度上也能弥补安全技能的不足。

而且，还有一种情况，事故的发生与否或损失大小同有关人员的安全道德有着密切关系——践行安全道德，事故就能够得到有效控制甚至能够避免；抛弃安全道德，事故后果就会进一步恶化。

2011年11月9日凌晨3时30分，印度加尔各答市AMRI医院地下室开始起火，由于扑救不力，火势越来越大，烈焰高温及浓烟将许多患者特别是重症患者困在楼层病房，这时医院共有160余名病人包括40多名重症监护病人，以及数十名医生及护理人员。然而，令人震惊的是，医护人员却上演集体“医跑跑”，跑得最快的居然是医院的管理高层，只有少数医护人员仍然冒着危险救护病人。最终，这场大火导致91人死亡，其中73人被烧死，18名患者因不当转移伤势过重死亡。可以说，印度医院火灾发生后，医护人员没有及时尽一切可能抢救和疏散病人，而是抛弃他们自己逃命，不仅违反职业准则，而且有失道义，加剧了火灾的后果。事后，6名医院高管向加尔各答警察局自首。

另外，工人如果具有很强的安全生产道德，在意识到自身安全技能同安全生产实际工作的要求有差距后，就会自己督促自己加强学习，尽快提高安全业务能力，以便在今后的工作中更好地处置应对，完成任务。所以，安全道德也是促进工人自我提高和完善的一种动力。

抓好安全生产工作既离不开工人的业务能力，也离不开工人的精神动力，只有这两方面互相配合，互相促进，才能取得最佳安全成效，才会有安全生产工作的长治久安；而要让工人拥有强大、持久的安全生产动力，就必须大力加强中国工人阶级队伍的安全生产道德建设，使安全道德成为工人所有安全资源中的一个重要因素、一个强大武器。

第三节 践行道德 助力安全

促进经济持续发展是人类生存的基础和保障，人类文明的发展进步，就是建立在物质生产基础之上的。面对今天人类所取得的巨大成就和进步，我们有理由为自身的成果和力量感到自豪，同时也有义务通过继续发展生产和创造财富推动人类社会文明程度进一步提升。在当今风险社会，安全生产在经济社会发展中的贡献和影响越来越大，其成败优劣直接决定着社会文明程度发展的好坏、进步的快慢。在这种情况下，践行安全道德，确保安全生产，就成为影响经济社会持续健康发展的一个重要课题。

中国安全生产水平低下，同安全道德缺失有着紧密的联系。长期以来，中国安全生产管理主要侧重于安全投入、安全制度、安全培训、安全检查、安全考核等方面，对于安全道德在促进安全生产工作水平提高方面认识不清，重视不够，没有给予应有的关注，没有对工人队伍加强安全道德建设提出明确要求，导致中国工人安全道德水平不高，工人安全素质存在缺陷，既不利于工人安全素质的提高，也不利于工厂企业安全生产水平的提高。要改变这种状况，就必须在工人队伍当中大力加强和践行安全道德，使中国工人成为安全道德的践行者。

加强和践行安全道德，首先必须明确安全道德的核心内容，就是“我为人人、人人为我”。

列宁所指出：“我们要努力消灭‘人人为自己、上帝为大家’这个可诅咒的常规，克服那种认为劳动只是一种负担、凡是劳动都应当付给一定报酬的习惯。我们要努力把‘人人为我、我为人人’和‘各尽所能、各取所需’的原则灌输到群众的思想中去，变成他们的习惯，变成他们的生活常规，我们要逐步地坚持不懈地实行共产主义纪律，推行共产主义劳动。”（中共中央马克思恩格斯列宁斯大林著作编译局，1958e）

安全生产工作同其他工作相比有一个十分明显的特点，就是“一荣俱荣、一损俱损”和“一安俱安、一危俱危”，就是说，在特定区域范围内，安全工作抓好了，这个领域范围内所有的人员都是光荣的、安全的；反之，如果安全工作抓不好，这个领域范围内所有的人员都是受损的、危险的。正是这个重要特点，决定了一个单位、一个地方的所有人员在安全生产上是一个命运共同体——每一个人开展安全工作，客观上就是为了这个单位或地方的所有人员，这就是“我为人人”；正因如此，自己之外的其他每一个人在开展安全生产工作时也是在为了自己的安全而努力，这就是“人人为我”。因为“我为人人”，所以，“人人为我”；要想“人人为我”，必须“我为人人”，这就是两者之间的辩证关系。

加强和践行安全道德，还要明确它的社会意义和价值，主要体现在四个方面。

第一，践行安全道德，体现了全心全意为人民。

全心全意为人民是共产主义道德的最高表现，也是共产主义道德最基本的行为规范。它的主要内容是：热爱人民，关心人民，爱护人民，同人民站在一起，一切向人民负责，全心全意为人民服务；个人利益服从于人民的整体利益，同一切危害人民、背叛人民的行为做斗争。

人民是历史的创造者，是社会财富的创造者，是推动人类文明发展进步的动力。物质生产的发展是人类历史活动的基础，是推动社会进步的主要力量，而从事物质生产的正是广大人民群众。人民不仅创造物质财富，同时也创造精神财富，所以热爱人民、为人民服务，就成为最基本的社会公德。

热爱人民，为人民服务，确保安全生产和安全发展是最起码的。要做到这一点，既需要客观条件，也需要人的主观努力；既需要安全法制和安全投入，也需要安全道德；既需要人的安全技能，也需要人的安全意识和自律。树立和践行安全道德，就是在安全生产中始终坚持热爱人民，服务人民，确保广大人民群众的生命安全、身体健康和社会财富的完好，并将维护安全当作一种天然的义务，当作不可推卸的职责，当作自觉自愿的追求，将实现安全当作无上荣誉，尽自己最大努力为实现安全生产而不懈奋斗。

践行安全道德，保障安全生产，体现了全心全意为人民，体现了发展为了人民、发展依靠人民、发展成果由人民共享，体现了实现好、维护好、发展好最广大人民的根本利益，体现了以人为本。

第二，践行安全道德，体现了共产主义劳动态度。

共产主义劳动态度也是共产主义道德的基本规范之一，它要求每个劳动者都要将劳动看作公民的光荣职责，积极参加社会劳动，严格遵守劳动纪律，自觉维护集体劳动的正常秩序，具有高度的事业心和责任感，努力提高劳动效率。

社会主义废除了生产资料私有制，劳动人民成为国家的主人和生产资料的主人，劳动的性质就发生了根本的变化，劳动不再是负担，而成为光荣、豪迈和创造幸福的事业，人们对劳动的态度也随之发生根本性的转变。

劳动成为光荣、豪迈和创造幸福的事业，人们对劳动的热爱就全面展现出来，人们劳动的积极性就极大地激发出来——他们千百年来都是为别人劳动，为剥削者做苦工，现在第一次有可能为自己工作了，而且是利用一切最新的技术文化成果来工作。为了实现“我为人人、人人为我”，就要求广大劳动者在劳动中充分发挥自己的才能，施展自己的本领，尽可能创造更高的劳动生产率，这些都离不开自觉遵守劳动纪律、共同维护劳动秩序，而这也是安全道德所要求的。

劳动纪律是在生产劳动过程中人与人的社会联系的一种形式，是组织人们进行劳动的形式，它在任何历史时代的生产劳动中都存在着。没有一定的纪律和生产秩序，任何社会生产都不可能正常进行。自觉遵守劳动纪律，就是要求劳动者在劳动中严格按照规章制度办事，认真执行各项规定和程序，主动接受他人、集体和社会的监督，对劳动的正常进行具有高度的道德责任感。

社会主义制度摧毁了资本主义的劳动纪律，但并不是说社会主义生产劳动就不要任何纪律，恰恰相反，社会主义的社会化大生产和集体劳动必须要有严格的纪律作保障，社会主义生产劳动更加重视劳动纪律。列宁曾指出，农奴制的劳动纪律是棍棒的纪律，资本主义的劳动纪律是饥饿的纪律。而社会主义劳动纪律是广大人民群众和劳动者为了自己和社会的共同利益而自觉遵守并互相监督遵守的同志纪律，是自觉的纪律，这种纪律是建设社会主义、保证完成各项生产经营任务起码的条件。随着科学技术的发展，生产越是社会化和现代化，社会分工越是精细、劳动协作越是广泛，劳动纪律就越是重要。如果不遵守劳动纪律、不服从生产指挥、不执行操作规程，就会直接影响生产经营任务的完成，甚至造成安全事故，给国家和企业造成损失，并损害劳动者的共同利益，践行安全道德，就是要使广大劳动者严格遵守劳动纪律，共同维护劳动秩序，确保生产劳动平稳、有序、安全地进行下去。

第三，践行安全道德，体现了爱护公共财物。

爱护公共财物是共产主义道德的一个重要规范，它要求人们以大公无私的精神，关心珍惜和维护社会的公共财产，树立勤俭节约的良好风尚，同所有破坏和浪费公共财物的行为做斗争。

爱护公共财物是共产主义道德原则在对待社会财富上的具体表现，从表面上看，这一规范是人对物的关系，并不涉及道德问题，但是透过这一人对物的关系不难看出，它直接涉及集体、国家、社会、民族等的整体利益，表现了人与人之间、个人利益与整体利益之间的关系问题，所以它不仅具有一般的道德价值，而且突出地体现着共产主义道德的特征。

社会主义制度的建立和生产资料公有制的实现，根本改变了劳动者的政治地位和经济条件，使劳动者成为国家的主人，成为生产资料的主人，他们是真正为社会同时也是为自己劳动。劳动的成果作为个人消费的部分，以劳动报酬和资金的形式直接交给劳动者本人；作为社会积累的部分，无论是属于扩大再生产的产品和资金，还是用于社会或集体福利事业的投资和设施，归根到底还是以各种方式和途径用于满足劳动者的需要，是创造共同富裕的美好生活的物质基础，当然应当珍惜和爱护。

当前中国仍处于社会主义初级阶段，经济建设是全国的中心工作，从大力发展生产力的角度，必须珍惜和爱护公共财物。进行社会主义现代化建设，让广大人民群众过上殷实富足的生活，减少人力当然不行，减少物力和财力同样不行。人力、物力、财力缺一不可，人力是进行现代化建设的人员和智力保证，物力和财力是进行现代化建设的物质保证。因此，在全面进行经济建设、增加社会财富的同时，必须大力倡导爱惜和保护公共财物，反对和制止损害公共财物的行为，这样才能加快社会财富的增长速度和现代化建设的步伐。

践行安全道德、爱护公共财物，直接体现着一个人对集体、对人民的热爱，体现着对社会主义现代化建设事业的热爱。在我们社会主义社会，个人对待公共财物的态度和行为，是同他对待祖国、对待人民、对待劳动、对待社会主义事业的态度分不开的。凡是热爱祖国、热爱人民、热爱劳动、热爱社会主义事业的人，都不会对国家的财产和人民的利益采取不负责和不道德的态度，都不会做出损害国家和人民利益的事，而是会尽到他维护国家利益、保护劳动成果的义务。正如列宁所说，当普通劳动者起来克服极大的困难，奋不顾身地设法提高劳动生产率，设法保护“不归劳动者本人及其‘近亲’所有，而归他们的‘远亲’即归全社会所有”的产品时，“这也就是共产主义的开始”。（中共中央马克思恩格斯列宁斯大林著作编译局，1972a）

第四，践行安全道德，体现了社会主义人道主义。

人道主义也称人文主义，发端于意大利文艺复兴时期，主要代表人物有但丁、彼得拉克、达·芬奇、哥白尼、布鲁诺等，他们反对“一切为了神”，主张“一切为了人”，给人以充分自由。

社会主义人道主义是共产主义道德的重要规范之一。作为伦理原则和道德规范，社会主义人道主义是以马克思主义的世界观和历史观为基础的，是社会主义经济基础和政治制度的反映，它批判地继承了资产阶级人道主义的合理成分，是一种新的、更高水平的人道主义。

社会主义人道主义主要包含以下三个方面的内容:第一,国家和社会尊重、关心和维护人民群众的权利、利益和人格,将社会成员日益增长的物质和文化需要作为社会生产的目的,为劳动者价值的实现和才能的发挥创造必要的社会条件;第二,人民群众和劳动者之间应当互相尊重、互相关心、互相爱护,努力发展平等、团结、友爱、互助的社会主义新型人际关系;第三,社会主义社会的公民要关心和维护人民的共同利益,同损害人民利益的现象做斗争。

加强和践行安全道德,必须树立正确的安全态度。

自从20世纪初美国在全世界率先提出“安全第一”的口号以来,这一理念早已被世界各国特别是企业界所接受,因为它反映了社会化大生产的客观要求和规律,是无数企业及职工在生产工作中的经验总结,是被无数事实所反复证明了的规律和真理。然而,这样的规律和真理,在中国早期很多企业和地方居然不被认同、不予重视、不去遵循,其结果必然是因为违反规律而受到应有的惩罚。

1997年5月11日,全国安全生产工作紧急电视电话会议指出:“一些领导对安全生产工作认识不足,重视不够,没有牢固树立安全第一、预防为主的思想……一些地区、部门和企业,没有摆正安全生产与经济发展、安全生产与经济效益、安全生产与改革开放、安全生产与社会稳定的关系,放松了对安全生产工作的领导。”

2002年7月9日,全国安全生产工作座谈会指出:“思想认识上有偏差,责任制不落实。在一些领导干部的头脑里安全第一的思想树得不牢,抓安全生产的积极性从上到下呈现层层衰减、逐级弱化的趋势。特别是一些县、乡政府和企业的负责人,仍然摆不正安全与生产、安全与效益的关系,存在着重生产、轻安全的倾向,安全生产责任制不落实。”

2013年1月18日,全国安全生产工作会议指出:“有些地方和单位对安全生产的认识还不够深刻,工作还没有摆到位。有的地方和单位不重视安全生产工作,有的只重视一阵子,出了事故才重视,不出事故不重视，甚至出了事故仍不重视的也大有人在。侥幸心理、麻痹思想是最大的隐患。谁不重视安全生产，谁就会吃苦头。”

之所以会出现如此违反安全生产常识、违反安全生产规律的怪事，包括“出了事故才重视，不出事故不重视，甚至出了事故仍不重视”的现象，固然同认识不足、重视不够、责任制不落实、工作没有摆到位、侥幸心理、麻痹大意有关，但是同许多领导干部和企业职工没有端正对安全生产工作的态度也有很大关系。

安全生产态度不端正，会导致怎样的后果呢？

1997年，劳动部安全生产管理局局长郑希文撰文指出：现在有的企业领导片面追求效益，忽视管理，这是一种目光短浅、违反科学的错误行为。出现了效益比较好的企业忽视安全、效益不好的企业顾不上安全的现象。企业领导干部对安全抱侥幸心理，对隐患不闻不问，对职工教育抓得不紧，用设备去拼效益，甚至忽视职工的生命去拼效益。更有甚者，一些企业在转换经营机制和机构改革中，错误地合并或撤销安全机构，压减安技人员，削弱了安全生产管理、监督、检查的力量。

2000年9月5日，关于贯彻落实全国安全生产工作电视电话会议的情况汇报中指出：“部分企业撤并了安全生产管理机构，有些企业根本没有安全生产管理人员，有些企业虽有一些制度，但形同虚设，难以落实。安全生产责任制在一些县，尤其是乡镇、村两级不落实，安全生产工作仍处于失控失管状态……一些私营企业和个体工商户要钱不要命，企业安全管理水平低，职工素质差，重大事故随时都有可能发生，致使各级领导对安全生产管理工作产生畏难情绪，认为安全生产工作不好管，也难管好，分管安全生产工作如履薄冰，如同坐在火山口上，随时都有被处分的可能，都不想分管安全工作。”

“重大事故随时都有可能发生”——这是一种多么可怕的状况！

态度是个人对他人、对事物的较为持久的肯定或否定的内在反应倾向，包括认识、情感和行为倾向。态度不是一个人天然就有的，而是在长期的社会生活中与他人的交往和相互作用,并在环境的不断影响下逐步形成的。

态度可以形成,当然也可以改变。态度的改变有两种情况,一是方向的改变,二是强度的改变。比如,对安全生产从不重视转变为重视,这是方向的改变;从比较重视转变为特别重视,这是强度的改变。端正安全态度,相应地也分为两种情况,一是从原先对安全生产的不正确态度转变为正确的态度,二是从原先对安全生产的一般性的正确态度转变为进一步深化和固化的正确态度。

端正企业职工对安全生产工作的态度,是广大职工执行安全生产规则、履行安全生产职责、践行安全生产道德的重要保障。在对待安全生产工作的态度上,有一个支持还是反对、热爱还是厌烦、积极还是消极的问题。只有支持安全生产、热爱安全生产、积极推动安全生产,职工才会自觉自愿、尽心尽力地执行安全生产规则、履行安全生产职责、践行安全生产道德,才可能取得最佳安全生产成效。这样的安全生产工作状态,比职工在受到单位和领导的外来压力之下开展安全生产工作,其效果要好上十倍百倍。

对安全生产态度端正,在日常工作中就会严格遵守安全生产规章制度,对各项规定就会执行到位,这必将有效地保护职工的安全健康;反之,对安全生产态度不端正,则会无视安全规定,这就可能危及职工的自身安全。

安全态度对安全结果的影响如此之大,是有其深刻道理的。态度端正,就会对安全心存敬畏,就会对规则心存敬畏,在工作时就会按照各项规章制度严格约束自己,这样当然会将风险降到最低程度。反之,对安全生产不以为然,对规章制度不当回事,就一定会为自己埋下祸根。

工作态度作为工作的内在心理动力,能够直接引发各种工作行为,这就是态度的巨大功能。一般而言,良好的工作态度对工作的直觉、判断、操作以及对疲劳的忍耐力等能够发挥积极的影响,所以能够提高各种效率。

端正安全态度之所以如此重要，还在于安全生产工作的一个十分突出同时又容易被人忽视的特点——安全生产不可欺。无论企业还是职工，在安全生产上投入多少、付出多少，相应地就会产出多少、回报多少，既不会不劳而获，也不会劳而无功，这就是安全生产不可欺的含义。正因如此，企业和职工就必须端正安全态度，不能有侥幸心理、麻痹心态、急躁心情、厌烦心思，只能是严肃认真、科学求实。只有端正安全态度，才有预期安全成效，这是早已被无数事实所反复证明了的。

加强和践行安全道德，必须坚持既要严于律己，又要严以待人。

在安全生产领域，“严是爱，松是害”是一句得到大家公认的至理名言，从严要求才能保障安全，稍有放松必然造成事故，只有严格要求才是真正负责、真正爱护。

在“严于律己”方面，在两个世纪前就已经有外国企业做出了榜样。

美国杜邦公司成立于1802年，距今已有200多年的历史。在最初的几十年，杜邦公司主要生产黑火药，是当时美国最大的黑火药生产商。1818年发生的一起大爆炸，使40名工人死亡，创始人杜邦的妻子也在事故中受伤。事故发生后，杜邦宣布他的家族立刻搬入厂区居住，以表明和企业从业人员同生死、共患难的决心；同时规定，今后在公司高级管理人员亲自操作之前，其他任何人员不允许进入一个新的或重建的工厂，进一步强化公司高管对安全生产工作的负责制。至今，杜邦公司已经成为世界上安全业绩最好的公司。

再看以下文章：

建议居住期

陈海荣

“建议居住期”是我杜撰的一个说法。

想到这么一个词儿，缘于新近读到的一则报道：八十年前，一家英国建筑公司在武汉设计并建造了一栋六层楼房。八十年后的今天，楼房的设计单位远隔万里来函告知，该楼设计年限是八十年，目前已超期服役，声明此后出现任何安全事故均与该公司无关，并提请我方注意。

由此想到一种“戏说”：搞烹饪要找中国人，谈恋爱要找法国人，抓管理要找英国人。英国人的管理能力是否世界一流，笔者未作研究，无意多说。不过，就事论事，仅以人家对自己设计的房子过了八十年仍念念不忘的严谨作风，我看也很值得咱们一些同行好好对照对照了。

对于工程建设和项目，“百年大计，××第一”的口号和标语，人们听得不少，见得也多。实话实说，绝大多数的工程项目确实称得上言行一致，甚至是做得比说得和写得更好。然而确有极少数粗制滥造的“货色”，别说百年，有的才过了一年半载便破绽百出，正所谓“崭新的废品”，也有竣工之日就是报废之时的。

不想扯得太远。老百姓花大钱买套新房之后，谁也不可能去调查承诺中的“第一”是否属实，倒是希望有关部门能对它的安全期限提供一个较为确切的数字。联想到现在有些商品外包装印上“建议零售价”，商品房卖出时，何不也附带告知“建议居住期”？

原载 1999 年 2 月 28 日《新民晚报》

一家英国建筑公司在 80 年前设计和建设的六层楼房，在 80 年后为了保护如今使用者的安全，专门来函提醒注意避免发生事故，这在一般人看来简直是一件不可思议的事，但是这家英国公司却做到了，这就是安全道德的具体体现，对自己严格要求，对用户极端负责。相比之下，中国很多企业在安全道德上的表现就差强人意，应当引起我们的深思。

英国企业注重安全道德，是同国家对安全生产工作的持续重视和努力分不开的。

1999年3月30日，英国副首相发表了关于改善安全卫生状况的行动声明，提出在1974年《工作安全卫生法案》颁布25年之后，要注入新的动力，将安全卫生问题重新提上议事日程。

2000年6月发布的《英国重振安全卫生战略》，英国副首相在“序言”中指出：“1974年颁布的《工作安全卫生法案》是英国工作场所安全卫生工作的一个里程碑。25年过去了，我们现在应该为安全卫生工作注入新的活力。工作中仍然会发生工伤死亡事故，工作场所中发生的每一次死亡和严重受伤事故都是一个悲剧，每一次悲剧对于工人及其家庭和亲人都会造成伤害，但是，悲剧本来是可以避免的。我们能够也应该采取一些措施防止事故的一再发生。”

英国领导人对安全生产的重视，对普通工人及其家庭的关心，当然会对英国社会和企业产生巨大的影响，这种爱护社会底层普通工人的生命安全和身体健康的价值取向，以及明确做出的努力解决全国事故发生率很高这一严重问题的公开承诺，都会对英国民众和企业重视安全工作、强化安全道德产生巨大的激励。在这样的社会背景下，英国的企业在日常生产经营活动中展现出深厚的安全道德，也是自然而然的。高度重视安全道德，同《英国重振安全卫生战略》中所提出的一项要求是完全符合的：“我们面临的挑战是要把修订法规标准转化为改变工作场所工人的修养和品行上来，只有这样才能持续提高安全卫生标准。”正因如此，英国企业及其工作人员在安全生产上严格自律，在为客户着想和负责的同时也在社会公众面前树立了自身的良好形象。

在安全生产上严格管理、严格执行，既是科学规律的要求，同时也是安全道德的体现，是对工作的负责和对人员的负责。1986年12月23日，上海市安全生产工作会议指出：“行之有效的规章制度，又是用鲜血和生命换来的，是科学规律的总结。科学的东西来不得半点虚假。一是一，二是二，所有的操作规程不严格执行是不行的。”

1999年1月16日，江泽民同志对锅炉质量检验和安全生产提出明确要求:“国家经贸委是管安全生产的。对锅炉这种产品,从制造到安装,每一环节都必须进行严格的质量检验,不合格的绝不允许出厂和使用。运行中的锅炉,也必须定期严格检查,及时发现和消除隐患,防患于未然。几十年前我们就是这么做的,现在有些制度松弛了,不那么严格了,这是非常危险的。人命关天的事,一定要慎之又慎,确保万无一失。”

中国在安全生产工作中的严,突出体现在“四不放过”上。

1975 年 4 月 7 日,国务院转发的《全国安全生产会议纪要》中指出:“要做到三不放过:事故原因分析不清不放过,事故责任者和群众没有受到教育不放过,没有防范措施不放过。”

此后,“三不放过”又发展成为“四不放过”。2004 年 1 月 9 日,国务院印发《关于进一步加强安全生产工作的决定》,指出:“认真查处各类事故,坚持事故原因未查清不放过、责任人员未处理不放过、整改措施未落实不放过、有关人员未受到教育不放过的四不放过原则,不仅要追究事故直接责任人的责任,同时还要追究有关责任人的领导责任。”

然而,从严查处事故并不容易。新华社主办的《内参选编》1987 年 7 月 1 日出版的第 25 期刊登了《各地发生的重大事故多数得到处理　少数单位久拖不决》,在“编者按”中指出:“这一两年,我国一些企业发生了爆炸、失火、中毒事故,造成人民生命财产的损失。多数事故是由于规章制度不严,或者有章不循造成的。这些问题又与某些领导同志的官僚主义、玩忽职守有关,与职责不清、奖罚不明有关。万里副总理最近指出,新华社的内部刊物不仅要报道重大事故,而且要报道事故处理结果。现将去年 7 月以来发生的一些重大爆炸、失火事故的处理情况报道如下,供各地同志研究,汲取经验教训。”

在安全生产上进行严格管理和严格规范,是世界各国的通行做法,在这方面中国尤其需要同国际接轨。

2016 年 9 月 27 日,第八届中国国际安全生产论坛在北京召开,欧盟委员会就业、社会事务与机会均等总司总司长米歇尔·塞尔沃兹在发言中指出："在欧盟，我们对中小企业职业健康评估发现，中小企业在遵守安全健康法规方面相比大企业逊色，小型企业员工在工作中发生致命事故比率和职业病发病率比较高。虽然中小企业涉及职业健康和安全管理的相对成本比大企业高，但是符合最低健康和安全标准是不容置疑的。我们不可能免除中小企业履行职业健康的义务，虽然免除义务可能会减轻小型企业负担，不过也可能产生诸多负面影响，包括企业规模不同对工人的保护是不平衡的，对于职业安全卫生管理和法规的执行力度也不相同，负面的健康和安全后果损害工人利益，对小企业的持续生产力有破坏作用。"

2018 年 10 月 16 日至 17 日，第九届中国国际安全生产论坛在浙江省杭州市召开，美国消防协会区域主管格雷戈里·布瑞恩·凯德在发言中指出："美国采用由世界各国专家参与制定的规范和标准，确保民众生命财产安全得到保障。鼓励社会各界参与，并结合民众的意见及建议来制定规范和标准。制定的规范和标准通常三年到五年修订一次，修订过程中将最新的研究成果、先进技术及实践中获得的经验教训作为参考。"

任何管理都必须严格，而安全生产方面的管理尤其需要严格，这主要是由于两个方面的原因。一是安全生产涉及的法律法规、规章制度、标准规范太多了，种类繁多，要求严苛，每项条款都严格执行到位会相当烦琐；二是一旦违反有关安全规定而导致安全事故，后果将十分严重，是企业、职工乃至全社会难以承受的。这两方面的因素就要求无论是企业还是从业人员都必须从严对待安全生产工作，严格要求、严格管理、严格监督，不能有丝毫松懈，不能有半点折扣，这才是对待安全生产工作的科学态度。

对于中国的安全生产管理必须更加注重从严，还有一个深层次的原因，就是本书第二章所提及的，中国没有经过工业革命的洗礼，加之几千年小农经济的影响，使得中国人的规则意识淡薄，在为人和做事上存在非常明显的缺陷——为人注重的是关系，而不是规则；做事注重的是过得去，而不是过得硬，反映在遵守规章制度和劳动纪律上则是应付、凑合，总是习惯于钻制度的漏洞，并为自己的侥幸得逞而沾沾自喜。

2000年1月26日，朱镕基同志在国务院第五次全体会议上指出："应当充分认识到，全面加强管理是当务之急。这是因为现在在生产、建设、流通以及其他各个领域，普遍存在着管理松懈、纪律松弛、制度形同虚设、工作秩序混乱的现象，严重影响到中央方针政策的贯彻落实，阻碍着各项改革的顺利推进，已到非下决心整治不可的时候了。"

2002年5月8日，朱镕基同志在国务院第58次常务扩大会议上指出："重大安全事故的发生，大都与管理不严、安全措施不落实有关。安全生产管理工作必须加强，要搞好安全生产监督管理工作的基础性建设，建立健全安全生产监督管理体系和工作机制，认真落实各项规章制度和操作规程，加强日常安全生产的检查工作，坚决纠正各种违规指挥和作业现象，做到有章必循、违章必究，决不能姑息迁就。"

朱镕基同志所严厉批评的管理松懈、纪律松弛、制度形同虚设、工作秩序混乱以及在安全上违规指挥和作业等现象，在中国各行各业和各个方面都普遍存在，其原因当然是多方面的，而在思想文化方面的根源就是中国人的规则意识淡薄，法律和制度还没有确立起应有的权威。在这种文化背景下，必须坚持从严管理，才能促使广大工人严格遵守规则。

随着中国改革开放事业的持续深化，经济的快速发展、社会的深刻变革、文化的相互激荡，对人们包括工人的思想观念、生活方式和价值取向产生了多方面的影响，对中国安全生产工作也产生了潜在影响。一位哲人说过，世界上有两样东西最能震撼人们的心灵：内心中崇高的道德和头顶上灿烂的星空。中国工人在心中树立崇高的安全道德，努力成为安全道德的践行者，在安全生产工作中既对自己负责，也对他人负责；既对个人负责，也对企业负责；既有“我为人人”，也有“人人为我”的观念，必将大大提高中国安全生产水平，同时也将在中国公民道德建设实践中发挥良好的引领示范作用。

第五章　安全科学探索先行者

抓好安全生产，必须依靠科学，包括安全生产科学理念、科学理论、科学管理、科学知识、科学技术、科学规律等，使中国安全生产工作走上科学化发展道路，为此，中国工人就应当成为安全科学探索的先行者。

安全生产作为保护和发展社会生产力、促进经济和社会持续健康发展的基本条件，是社会文明与进步的重要标志和全面建成小康社会的本质内涵，也是提高国家综合国力和国际声誉的具体体现。中国面临的新形势、新机遇和新挑战，对安全生产工作提出了很高的要求和期望。实施科教兴国、科技兴安战略，建立安全生产长效机制，是中国安全生产工作的必由之路。

随着经济社会和科学技术的发展，安全生产事业越来越多地依靠科技进步，安全科技是安全生产的基础和保障，安全科技发展必须有所超前，已经在国际上形成广泛共识。然而，中国安全生产科技发展严重滞后于经济和社会的发展，在科学技术整体中属于发展落后领域，尚不能为安全生产提供足够的支持和保障。

2003 年 12 月 22 日，国家安全生产监督管理局、国家煤矿安全监察局联合发布《国家安全生产科技发展规划(2004—2010)》，明确指出，中国安全生产科技工作中存在以下七个方面的主要问题：

(1)强化安全科技对提升安全生产整体水平的可操作性政策、法规薄弱。没有形成适应社会主义市场经济体制要求、与安全生产的作用和地位相适应、能够有力推动安全生产科技发展的政策法规环境。

(2)安全生产理论研究和理论创新严重滞后于安全生产实践。没有形成能够指导安全生产工作的理论体系,对安全生产的自然科学和社会科学属性及其规律、方法等的研究严重不足。对“安全第一、预防为主”的方针和安全与生产、安全与效益、安全生产与经济发展等安全生产领域的重大问题及其辩证关系,缺乏具有明显说服力的理论依据,未能从理论上进行充分、科学、合理的阐述。

(3)安全生产科技整体水平不高。安全科技成果的数量、质量、转化率和科技工作的贡献率不能满足安全生产事业发展的需要,长期制约安全生产的一些共性、关键性问题尚未攻克;安全生产的科研储备和预研匮乏。

(4)安全生产技术基础薄弱。缺乏对安全技术标准体系、计量体系和安全生产法律法规体系的研究,安全技术标准缺口大、技术水平低;安全生产法律法规体系不健全。

(5)国家安全生产监管监察缺乏有效的科技支撑。安全生产监管监察工作具有很强的政策性和技术性,但目前缺乏强有力的科技支撑,手段落后,技术含量低,不能满足社会主义市场经济体制下安全生产事业发展的需要。

(6)安全生产科技力量趋于分散,科技工作缺乏整体性。经过体制改革,原有科研规划、计划、体系全部被打散重组,安全生产科技工作的定位、内容、重点领域和方向等方面都没有统一、权威的定论,部分原有安全生产科研单元投奔高收益、高回报领域,科技支撑与保障功能急剧下滑,有些专业领域甚至出现缺位;各专业领域之间缺乏必要的信息沟通和协调机制,未能充分利用国外和相关领域的最新科技成果推动安全科技的发展;安全生产中介服务机构尚未发挥应有的作用。

(7)安全生产科技投入严重不足。安全生产科技工作作为以社会公益性为主导的事业,其投入应以政府投入为主,但在各行业主管部门相继撤销后，无论在绝对数还是在相对数上均呈现下降趋势，且没有明确的、可靠的资金渠道，与国外相比存在很大差距。企业的安全生产科技投入非常有限，不能解决制约安全生产的基础性、关键性科技问题。

以上七个方面只是中国安全生产科技工作中存在的主要问题和困难，当然不是全部。2016 年 12 月 9 日，中共中央、国务院印发《关于推进安全生产领域改革发展的意见》，指出："当前我国正处在工业化、城镇化持续推进过程中，生产经营规模不断扩大，传统和新型生产经营方式并存，各类事故隐患和安全风险交织叠加，安全生产基础薄弱、监管体制机制和法律制度不完善、企业主体责任落实不力等问题依然突出，生产安全事故易发多发。"这些情况给中国安全生产科技工作提出了新任务、新要求，当然也就给中国工人提出了新任务、新要求。中国工人要在安全科学探索上当好先行者，不仅要对传统的安全生产重大科研课题进行探索攻关，还要对新兴的安全生产重大科研课题进行探索攻关，努力交出一份合格答卷，为中国安全生产事业的加快发展做出自己的贡献。

第一节　危险有害因素分类

2009 年 10 月 15 日，国家标准化管理委员会发布《生产过程危险和有害因素分类与代码》，并于当年 12 月 1 日起实施。这一标准按照可能导致生产过程中危险和有害因素的性质进行分类，将危险和有害因素分为人的因素、物的因素、环境因素和管理因素四大类，具体如下。

一、人的因素

1. 心理、生理性危险和有害因素

(1)负荷超限（包括体力负荷超限、听力负荷超限、视力负荷超限、其他负荷超限)；

(2)健康状况异常；

(3)从事禁忌作业；

(4)心理异常(包括情绪异常、冒险心理、过度紧张、其他心理异常)；

(5)辨识功能缺陷(包括感知延迟、辨识错误、其他辨识功能缺陷)；

(6)其他心理、生理性危险和有害因素。

2. 行为性危险和有害因素

(1)指挥错误(包括指挥失误、违章指挥、其他指挥错误)；

(2)操作错误(包括误操作、违章操作、其他操作错误)；

(3)监护失误；

(4)其他行为性危险和有害因素。

二、物的因素

1. 物理性危险和有害因素

(1)设备、设施、工具、附件缺陷(包括强度不够、刚度不够、稳定性差、密封不良、耐腐蚀性差、应力集中、外形缺陷、外露运动件、操纵器缺陷、制动器缺陷、控制器缺陷、其他缺陷)；

(2)防护缺陷(包括无防护、防护装置及设施缺陷、防护不当、支撑不当、防护距离不够、其他防护缺陷)；

(3)电伤害(包括带电部位裸露、漏电、静电和杂散电流、电火花、其他电伤害)；

(4)噪声(机械性噪声、电磁性噪声、流体动力性噪声、其他噪声)；

(5)振动危害(包括机械性振动、电磁性振动、流体动力性振动、其他振动危害)；

(6)电辐射；

(7)非电辐射(包括紫外辐射、激光辐射、微波辐射、超高频辐射、高频电磁场、工频电场)；

(8)运动物伤害(包括抛射物、飞溅物、坠落物、土岩滑动、料堆滑动、气流卷动、其他运动物伤害);

(9)明火;

(10)高温物体(包括高温气体、高温液体、高温固体、其他高温物体);

(11)低温物体(包括低温气体、低温液体、低温固体、其他低温物体);

(12)信号缺陷(包括无信号设施、信号选用不当、信号位置不当、信号不清、信号显示不准、其他信号缺陷);

(13)标志缺陷(包括无标志、标志不清晰、标志不规范、标志选用不规范、标志位置缺陷、其他标志缺陷);

(14)有害光照;

(15)其他物理性危险和有害因素。

2. 化学性危险和有害因素

(1)爆炸品;

(2)压缩气体和液化气体;

(3)易燃液体;

(4)易燃固体、自燃物品和遇湿易燃物品;

(5)氧化剂和有机过氧化物;

(6)有毒品;

(7)放射性物品;

(8)腐蚀品;

(9)粉尘与气溶胶;

(10)其他化学性危险和有害因素。

3. 生物性危险和有害因素

(1)致病微生物(包括细菌、病菌、真菌、其他致病微生物);

(2)传染病媒介物;

(3)致害动物;

(4)致害植物；
(5)其他生物性危险和有害因素。

三、环境因素

1. 室内作业场所环境不良
(1)室内地面滑；
(2)室内作业场所狭窄；
(3)室内作业场所杂乱；
(4)室内地面不平；
(5)室内梯架缺陷；
(6)地面、墙和天花板上的开口缺陷；
(7)房屋地基下沉；
(8)室内安全通道缺陷；
(9)房屋安全出口缺陷；
(10)采光照明不良；
(11)作业场所空气不良；
(12)室内温度、湿度、气压不适；
(13)室内给、排水不良；
(14)室内涌水；
(15)其他室内作业场所环境不良。
2. 室外作业场地环境不良
(1)恶劣气候与环境；
(2)作业场地和交通设施湿滑；
(3)作业场地狭窄；
(4)作业场地杂乱；
(5)作业场地不平；
(6)航道狭窄、有暗礁和险滩；
(7)脚手架、阶梯和活动阶梯缺陷；

(8)地面开口缺陷；
(9)建筑物和其他结构缺陷；
(10)门和围栏缺陷；
(11)作业场地基础下沉；
(12)作业场地安全通道缺陷；
(13)作业场地安全出口缺陷；
(14)作业场地光照不良；
(15)作业场地空气不良；
(16)作业场地温度、湿度、气压不适；
(17)作业场地涌水；
(18)其他室外作业场地环境不良。
3. 地下(含水下)作业环境不良
(1)隧道、矿井顶面缺陷；
(2)隧道、矿井正面或侧壁缺陷；
(3)隧道、矿井地面缺陷；
(4)地下作业面空气不良；
(5)地下水；
(6)冲击压力；
(7)水下作业供氧不当；
(8)其他地下(含水下)作业环境不良。
4. 其他作业环境不良
(1)强迫体位；
(2)综合性作业环境不良；
(3)以上未包括的其他作业环境不良。

四、管理因素

(1)职业安全卫生组织机构不健全；
(2)职业安全卫生责任制未落实；

(3)职业安全卫生管理规章制度不完善(包括建设项目“三同时”制度未落实、操作规程不规范、事故应急预案及响应缺陷、培训制度不完善、其他职业安全卫生管理规章制度不健全);

(4)职业安全卫生投入不足;

(5)职业健康管理不完善;

(6)其他管理因素缺陷。

从《生产过程危险和有害因素分类与代码》可以看出,生产过程中的危险和有害因素包括四类,其中人的因素有10种,物的因素有30种,环境因素有44种,管理因素有6种,共计90种,这是一个令广大工人忧心忡忡、寝食难安的数字——广大工人的工作环境,危险太多了,危害太大了,安全健康保障程度太低了!

早在1986年,从苏联切尔诺贝利核电站发生重大事故开始,哲学家就十分关注由现代科学技术所引发的巨大风险。德国慕尼黑大学哲学家乌尔里希·贝克提出“风险社会”的概念,认为人类已经进入了风险社会,或者更准确地说是“全球风险社会”。他指出,风险本身并不等同于危险或灾难,而是一种危险或灾难的可能性;当人类试图去控制自然和由此产生的各种难以预料的后果时,人类又会面临更多的风险。风险在人类社会中始终存在,但它在现代社会中的表现与过去已经有本质的不同,现代风险是隐性的,并且具有高度的不确定性、不可预测性和快速扩散性,它的影响将波及整个社会,每个人都难以置身其外。

不仅如此,由于企业在生产过程中的危险和有害因素多达90种,所以企业及其工人就成为安全风险的直接承载者、安全事故的直接承受者、安全责任的直接承担者,也就是说企业是风险企业,工人是风险工人,成为90种危险和有害因素的面对者和化解者,工人要有效防范和化解来自人的方面、物的方面、环境方面和管理方面多达90种的危险和有害因素,只靠已有的知识和方法远远不够,还必须积极进行科学探索攻关,当好安全科学探索的先行者。

第二节　创新安全理念

理念是行动的指南，有什么样的安全理念，就有什么样的安全行为，同时也就产生相应的安全结果。中国工人要当好安全科学探索的先行者，首先应当不断创新安全理念。

2006 年 3 月 27 日，中共十六届中央政治局第三十次集体学习指出："要把安全文化建设纳入精神文明建设统一布局，牢固树立安全第一的安全理念、遵章守法的管理理念、安全操作的工作理念，提高各类企业及全社会的安全意识，提高群众自我安全保护意识。"（中共中央文献编辑委员会，2016）

人的行为是指人类认识、适应和改造自然与社会的实践活动。一般认为，行为是日常生活中所表现出的一切活动。人的行为总是受他的思想和理念控制的，是一个人思想和理念的外在表现。哲学家认为，行为是受思想支配的外部活动。伦理学家认为，行为是人的自由意志的动作。生物学家认为，行为是由肌肉和内分泌腺活动所引起的表现。心理学家认为，人的行为是环境因素与心理因素相互作用的结果和表现。

人在生产劳动中实际产生的安全或不安全的结果，是由人的安全或不安全的行为所决定的，安全行为才能得到安全结果，不安全行为则可能产生不安全结果。

人的行为是完成工作任务、实现预定目标的必要条件。在生产和生活当中人们总要进行一系列的行为和活动，这些行为要么是安全的，要么是不安全的，必居其一。所谓不安全行为，是指可能导致危险、引发事故、产生意外情况的人的行为差错，是人的一种主观行为。要实现安全生产，就必须控制和消除人的不安全行为。

国际劳工组织将不安全行为分为以下六种：

（1）没有监督人员在场时，不履行确保安全操作和接受警告；

(2)用不安全的速度操作机器和作业;

(3)使用丧失安全性能的装置;

(4)使用不安全的机具代替安全机具,或用不安全的方法使用机具;

(5)不安全的装载、培植、混合和连接方法;

(6)在不安全的位置进行作业和持不安全的态度。

人的不安全行为是实现安全生产的最大障碍。无数安全生产实践表明,不安全行为是生产事故中最主要的原因。美国安全学者海因里希指出:人的不安全行为是大多数工业事故的原因。要确保安全生产,就必须消除人的不安全行为;而要消除人的不安全行为,不仅需要加强安全培训、完善安全管理,更应注重从人的思想上树立牢固的安全理念。只有抓好这项基础工作,才有助于实现安全生产工作的长治久安。

日本著名摩托车厂本田技研公司创始人本田一郎说:“思想比金钱更多地主宰着世界。好的思想可以产生金钱。当代人的格言应该是:思想比金钱更重要。”

既然行为是受人的思想和理念支配的活动,那么,要控制人的行为,就必须首先影响和控制人的思想和理念。所以,要使中国工人的行为符合安全生产法律法规和规章制度的要求,首先就要使工人树立科学的安全生产理念,在创新安全理念上积极探索,用科学的安全生产理念来规范和引领广大工人的安全生产行为。

创新安全生产理念,并不是一件容易的事,这不仅需要对安全生产工作的深厚情感、深刻了解,还需要很强的总结提炼能力。

2011年以来,因为工作关系,笔者在创新安全理念方面进行了积极探索,并取得了一定的成效,提出了一些科学的安全理念:

“四个无不”:安全无时不有、无处不在、无事不重、无人不需;

“四个一切”:安全生产重于一切、高于一切、先于一切、胜于一切;

“四个人人”:安全生产人人有责、人人有权、人人有为、人人有利;

“四个第一”:安全是工人的第一责任、第一能力、第一形象、第一业绩;

“四可”:事故可防、风险可控、隐患可除、违章可绝;

“八不”:不安全不生产、不了解不指挥、不确认不操作、不培训不上岗。

这些科学、新颖的安全理念一经提出,就得到笔者所在单位广大职工的高度认同和积极实践,在规范和引领他们的安全行为上取得了理想的成效,大大提高了安全生产工作水平。

思想和理念对人的行为的影响是决定性的,因此,要让工人的安全行为符合安全生产法律法规和规章制度的要求,首先就应当在创新理念上下功夫。正如系统管理学派的代表人物之一、美国卡斯特指出:“管理革新的重点,首先是观念革新,其次是方法革新,然后才是工具设备的革新。”

创新安全生产理念当然是不容易的,但也绝非高不可攀,只要广大工人热爱安全、关注安全、研究安全,就一定会在创新安全理念上取得新的成果,用更多更新的科学理念来指导实际工作。

第三节 创新安全理论

要抓好安全生产工作,离不开科学的安全理论、安全学说来指导。没有科学的安全理论和安全学说指导,安全生产工作就可能因缺乏科学性、规范性、规律性而带有很大的盲目性、随意性,使安全生产工作难以走上科学发展的正轨,中国安全生产形势也不可能实现根本好转。

理论在实际工作中具有怎样的作用和地位呢?

马克思指出:“批判的武器当然不能代替武器的批判,物质力量

只能用物质力量来摧毁;但是理论一经掌握群众,也会变成物质力量。”(中共中央编译局,1972b)

恩格斯指出:“要知道在理论方面还有很多工作需要做,特别是在经济史问题方面,以及它和政治史、法律史、宗教史、文学史和一般文化史的关系这些问题方面,只有清晰的理论分析才能在错综复杂的事实中指明正确的道路。”(中共中央编译局,1971)

列宁指出:“没有革命的理论,就不会有革命的运动。”(中共中央马克思恩格斯列宁斯大林著作编译局,1960)

1985 年 9 月 23 日,邓小平同志指出:“我希望党中央能做出切实可行的决定,使全党的各级干部,首先是领导干部,在繁忙的工作中,仍然有一定的时间学习,熟悉马克思主义的基本理论,从而加强我们工作中的原则性、系统性、预见性和创造性。”(中共中央文献编辑委员会,1993)

1998 年 7 月 17 日,江泽民同志指出:“我们有些同志工作热情高,想干一番事业,这是很好的。但由于缺少理论功底,工作中往往就事论事,不善于对实际问题进行理论思考。”

马克思、恩格斯、列宁、邓小平、江泽民如此重视理论,当然有其深刻道理。

无论在哪一个领域,理论都是适应实践的需要、顺应时代的呼唤,在总结实践做法和经验的基础上产生的,同时它又必须为实践服务,接受实践的检验,在实践中向前发展。理论与实践的关系,就是实践产生理论,理论指导实践;实践检验理论,理论服务实践。

相应的,在安全生产领域,就是安全生产实践产生安全生产理论,安全生产理论指导安全生产实践;安全生产实践检验安全生产理论,安全生产理论服务安全生产实践。而创新安全生产理论和学说的任务,首先应当由企业担负起来。

抓好安全生产工作,是在探索中前进和发展的,既需要实践中的摸索,又离不开理论上的创新和指导。在安全生产理论学说创新方面，有许多重要领域、重要课题有待探索、研究、创新、发展，以指导中国安全生产实践。

2003年12月，国家安全生产监督管理局、国家煤矿安全监察局联合发布《国家安全生产发展规划纲要(2004—2010)》，明确提出规划实施12项重大工程，其中第一项就是安全生产理论发展与创新工程。规划纲要指出："开展安全哲学、安全经济学、安全管理学等社会科学基础理论和安全科学技术理论研究，为政府安全监管监察、企业安全生产管理和安全工程技术发展提供理论指导。"

中国安全生产理论探索研究十分落后，远远不能满足实际工作的需要，而这一严重的问题至今还没有得到应有的重视。2003年12月22日，国家安全生产监督管理局、国家煤矿安全监察局联合发布《国家安全生产科技发展规划(2004—2010)》，明确提出："安全生产理论研究和理论创新严重滞后于安全生产实践。没有形成能够指导安全生产工作的理论体系，对安全生产的自然科学和社会科学属性及其规律、方法等的研究严重不足。对安全第一、预防为主的方针和安全与生产、安全与效益、安全生产与经济发展等安全生产领域的重大问题及其辩证关系，缺乏具有明显说服力的理论依据，未能从理论上进行充分、科学、合理的阐述。"

发展规划指出，安全生产事业的发展对科技工作提出更高的要求，产生巨大的科技需求，反映在七个方面，其中第二个方面是："系统的、能够指导安全生产实践的理论体系。既为国家安全生产宏观管理提供理论依据，又为企业安全生产微观管理提供理论基础，并为安全工程技术实践提供理论指导。为此，零散的研究力量急于整合，单项的研究急需系统化。"

发展规划明确要求以安全生产基础理论研究为突破口，加强安全生产理论创新，逐步建立安全生产理论体系，研究重点集中在八个领域：

(1)安全生产的哲学、社会学基础。用辩证唯物主义、历史唯物主义的观点和方法,研究安全生产哲学问题,揭示安全生产的本质,建立科学的安全认识论和方法论;结合中国社会经济发展的历史与现状,分析生产力与生产关系、经济基础与上层建筑对安全生产的影响与作用,研究安全生产社会学问题,探讨安全生产在可持续发展、小康社会战略目标中的地位和对经济建设的保障促进功能。

(2) 安全生产科学的基本理论。研究全面建设小康社会进程中安全生产的共性特点和规律,以及在特定环境下由安全向事故演变的共性原理,指导安全生产工作;研究安全生产法学理论,指导安全生产立法实践;研究安全生产科学理论体系,构筑安全生产科学的理论框架及其基本理论构成。

(3) 矿山重大灾害事故致因机理及动力学演化过程。针对岩土体多相、非均质、各向异性的复杂环境特点和大规模采掘工程的诱变灾害,研究气-固耦合作用下,稳定与非稳定变形、破坏与状态变化及转化机理、条件与规律;气-固耦合作用及突变动力学模型,为瓦斯煤尘爆炸、顶板灾害、煤与瓦斯突出和岩爆的防治提供理论基础;深部开采灾变动力学与防治理论。

(4) 交通运输事故预防与控制理论。针对铁路运输、道路交通、水上交通、民用航空的安全生产特点,研究事故发生机理,以及对事故的预防、监控和应急救援的基本理论,指导交通运输事故的预防与控制。

(5) 工业典型事故发生机理、动力学演化过程及其相关数学、力学、热物理问题。针对高危行业的生产特点,研究火灾、爆炸、危险品泄漏、特种设备事故等的发生机理和动力学演化过程,用数学、力学和热物理理论揭示发生发展的规律,为事故预防和灾情控制提供理论基础。

(6) 工程建设安全生产基础理论。针对各种土木、建筑、水利等基础设施的勘探、设计和建造活动中复杂灾变因素的耦合作用,研究工程的损伤积累和灾变行为的演化规律、失效模式与事故特征、人机环作用规律及安全监测与控制理论;研究工程在使用过程中的荷载与响应特性、灾变行为与健康诊断。

(7) 安全经济及管理理论。结合安全生产的经济学、管理学和经济与管理问题,研究安全生产的经济规律和宏观调控机制理论,揭示国家政策与安全生产、安全生产投入与产出的基本规律;研究政府、企业安全生产管理的基本原理和规律,建立适应于安全生产的风险管理理论;研究安全统计学理论,指导安全生产统计分析工作。

(8) 安全生产长效机制理论。分析安全生产长效机制的要素、内容以及与社会经济可持续发展的关系,建立安全生产长效机制理论体系。

为什么要如此重视安全生产理论创新呢?

1996 年 12 月 14 日,江泽民同志在军委扩大会议上的讲话中指出:“革命和建设的实践都已证明,一切工作的进步都应以思想进步为基础,都应紧紧抓住思想教育这个中心环节。”(中共中央文献研究室,1999)

我们同样可以说,安全生产和安全发展的实践都已证明,安全生产工作的进步,应以安全生产思想、理论、认识的进步为基础。

工业化先行国家不仅在安全生产立法上走在世界各国的前面,而且在安全生产理论研究上也走在世界各国前面,美国则是其中的典型代表,特别是海因里希的理论有着广泛影响。

海因里希提出了“工业安全公理”。该公理包括了 10 项主要内容,又称为“海因里希 10 条”,具体如下:

(1)工业生产过程中人员伤亡的发生,往往是处于一系列因果连锁末端事故的结果;而事故常常起因于人的不安全行为和(或)机械、物质(统称为物)的不安全状态。

(2)人的不安全行为是大多数工业事故的原因。

(3)由于不安全行为而受到了伤害的人,几乎重复了 300 次以上没有造成伤害的同样事故。即人在受到伤害之前,已经经历了数百次来自物方面的危险。

(4)在工业事故中,人员受到伤害的严重程度具有随机性质。大多数情况下,人员在事故发生时可以免遭伤害。

(5)人员产生不安全行为主要有以下原因:

①不正确的态度;

②缺乏知识或操作不熟练;

③身体状况不佳;

④物的不安全状态或不良的环境。

这些原因是采取措施预防不安全行为的重要依据。

(6)防止工业事故的四种有效方法是:工业技术方面的改进;对人员进行说服、教育;人员调整;惩戒。

(7)防止事故的方法与企业生产管理、成本管理及质量管理的方法类似。

(8)企业领导者有进行事故预防工作的能力,并且能把握进行事故预防工作的时机,因而应该承担预防事故工作的责任。

(9)专业安全人员及车间干部、班组长是预防事故的关键,他们工作的好坏对能否做好事故预防工作有影响。

(10)除了人道主义动机之外,下面两种强有力的经济因素也是促进企业事故预防工作的动力:

①安全的企业生产效率也高,不安全的企业生产效率必然低。

②事故后用于赔偿及医疗费用的直接经济损失,只不过占事故总经济损失的20%。

海因里希统计了55万件机械事故,其中死亡和重伤事故1666件,轻伤48334件,其余则是无伤害事故,从而得出一个重要结论,就是在机械事故中,死亡及重伤、轻伤、无伤害事故的比例为1:29:300。这个比例关系说明,在机械生产过程中,每发生330起意外事件,有300起没有产生伤害,有29起引起轻伤,有1起是重伤或死亡,这就是著名的海因里希事故法则。

国际劳工组织也进行过相关调查统计，得出的结论是 1∶20∶200，这一比例同海因里希的比例有所差别，但是伤亡事故和不安全行为的比例都是 1∶10，也就是平均 10 次不安全行为就会发生一次事故。

海因里希事故法则对抓好安全生产工作具有很强的指导作用。这一比例启示我们，在进行工业生产时，无数次的意外事件必然会导致重大伤亡事故的发生，要防止重大伤亡事故的发生就必须减少和消除无伤害事故，这也是在开展安全生产工作中必须坚持“预防为主”的原因。

这一比例还启示我们，事故的发生有一个从量变到质变的过程，无伤害事故多了，就一定会产生轻伤、重伤和死亡事故。因此，要抓好安全生产工作就必须防微杜渐。

要防止和减少事故的发生，就必须了解导致事故发生的原因，这是基本常识。因此，在工业发达国家，导致伤亡事故原因的理论的研究一直是安全理论研究的重点，至今已有一百多年的历史，并产生了有关事故原因理论的多种观点。

西方发达国家安全生产水平高，同这些国家的经济实力、科技实力、公民科技文化知识水平等有着密切关系，也同这些国家的安全生产理论水平较高有关。相比之下，中国安全生产理论研究和理论创新则明显落后于这些国家，这会导致怎样的后果呢——由于安全生产理论上的滞后，致使社会各方面普遍存在对安全生产工作认识不清、重视不够、投入不足、措施不力的状况，既不能为国家安全生产宏观管理提供理论依据，又不能为工业安全生产微观管理提供理论指导，后果十分严重。

2013 年 1 月 18 日，全国安全生产工作会议指出：“侥幸心理、麻痹思想是最大的隐患，谁不重视安全生产，谁就会吃苦头。”

2014 年 1 月 15 日，全国安全生产电视电话会议指出：“思想麻痹大意是最大的隐患。”

思想上的麻痹大意是威胁安全生产的最大的隐患，必须坚决消除。那么，这种麻痹思想又是从哪里来的呢？正是来源于安全理论探索研究不足，创新发展滞后，不能为安全生产实践提供正确的认识、完整的战略、科学的思路、有效的对策。

为抓好安全生产理论研究工作，有关方面提出了明确的要求。

1996年4月23日，劳动部印发《关于"九五"期间安全生产规划的建议》指出："开展安全生产管理科学的研究。对经济发展中出现的安全生产问题进行深入系统的研究，把现代管理科学的原则和行为科学的理论用于安全生产的科学管理上，探索符合中国国情的现代化安全生产管理保证体系。"

2006年8月17日，国务院办公厅印发《安全生产"十一五"规划》指出："以煤矿、危险化学品等行业和领域的典型重大灾害事故致因机理及演化规律为突破口，创新安全生产理论，逐步建立安全生产理论体系。开展道路交通安全基础理论、交通事故发生机理研究。"

2011年10月1日，国务院办公厅印发《安全生产"十二五"规划》指出：加强安全基础理论研究，包括典型工业事故灾难、交通事故防治基础理论；安全生产应急管理基础理论；危险化学品安全生产理论；安全生产经济政策。

2017年1月12日，国务院办公厅印发《安全生产"十三五"规划》指出："组建基础理论研究协同创新团队，强化重特大事故防控理论研究。"

那么，中国安全生产理论探索方面进行得怎样，取得了哪些成果呢？

中国安全生产理论探索研究十分落后，远远不能满足实际工作的需要，而对这一严重的问题应有的重视还不够。2003年12月22日，国家安全生产监督管理局、国家煤矿安全监察局联合发布《国家安全生产科技发展规划(2004—2010)》，明确提出："安全生产理论研究和理论创新严重滞后于安全生产实践。没有形成能够指导安全生产工作的理论体系，对安全生产的自然科学和社会科学属性及其规律、方法等的研究严重不足。对安全第一、预防为主的方针和安全与生产、安全与效益、安全生产与经济发展等安全生产领域的重大问题及其辩证关系，缺乏具有明显说服力的理论依据，未能从理论上进行充分、科学、合理的阐述。”

中国企业文化研究会常务副理事长华锐曾指出，虽然中国有着完备的安全生产法律、法规和制度，但是在安全生产管理方面，使用海恩法则、墨菲定律、蝴蝶效应等国外的安全理论和法则去研究应对，而我们自己不能对国内安全生产长期实践经验和知识进行高度总结概括，创造中国特色的安全管理理论。

我们对国内安全生产长期实践经验和知识总结概括不多，安全生产理论研究落后于世界发达国家，应当深刻反思和加快扭转，但是说“不能创造中国特色的安全管理理论”，则不符合事实。笔者在中国特色安全生产理论这一领域经过持续研究探索，在2015年出版了《中国特色安全生产论》，探索总结中国特色安全发展道路。

经过多年的探索研究，通过不懈的概括、总结、抽象、提炼，笔者在安全生产领域已经取得了一系列理论成果，大大深化了中国特色安全生产道路的认识，初步形成了具有中国气派、中国风格、中国特色的安全生产理论学说。

2017年2月，国家安全生产监督管理总局主管、中国安全生产科学研究院主办，中国安全生产协会会刊《现代职业安全》杂志刊登了记者纪佳伦对笔者的专访《探索中国特色的安全生产理论——访新疆塔里木油田安全生产独立研究员简新》。在这篇专访中，笔者表示，2012年，我的安全生产系列理论专著的第一部《安全生产定律论》出版。我创新总结出安全生产工作的同生共存、脆弱平衡、投入产出、递进扩散四项基本定律，成为构建简氏安全生产理论的重要基石。随着我对安全生产的认识不断深化，至今已出版5部安全专著，并有诸多理论成果，初步形成系列安全生产理论。同国外安全生产理论相比，简氏安全理论有两个鲜明的特点，一是更加注重提高人的觉悟、武装人的精神，为抓好安全生产提供方向引领、思想保证和精神动力；二是注重发挥我们党的传统优势，比如实行党管安全，就是在安全生产中发挥出特有的组织优势、人才优势、舆论宣传优势、思想政治工作优势等，这为全面加强和改进中国安全生产工作提供了新思路。

笔者特别强调："就安全生产领域本身而言，必须进行一场深刻的革命，包括思路、方法、教育、管理等方面。"

多年来，笔者潜心学习古今中外有关安全生产知识、经验和理论，并结合中国广大劳动者的安全生产实践进行概括和总结。接受已经存在的知识不容易，而创新发明新理论则更困难。经过坚持不懈的攻关，笔者率先提出系列安全生产新思想、新论断，在探索中国特色安全生产理论的道路上不断开拓前进，初步形成了中国特色安全生产理论，既为国家安全生产宏观管理提供了理论依据，又为企业安全生产微观管理提供了理论指导。这些安全生产重要思想、重要论断包括：

——2010 年 11 月，提出中国安全发展的新模式"安全文明"模式。

——2012 年 2 月，倡导树立安全信仰，即安全重于一切、安全高于一切、安全先于一切、安全胜于一切。

——2012 年 11 月，提出"双重生产"理论，即安全和生产一体化的理论，从根本上揭示了安全第一的原因。

——2012 年 12 月，创立安全生产四大定律——同生共存定律、脆弱平衡定律、投入产出定律、递进扩散定律。

——2013 年 11 月，提出安全生产的三大功能：安全是生命力、安全是生产力、安全是生存力。

——2014 年 12 月，提出安全生产"四个保障"的本质，即保障生产正常进行、保障人员安全健康、保障财富持续增加、保障社会全面进步。

——2015 年 8 月，提出中国正处于生产事故高峰期、交通事故高发期、火灾事故高危期“三期”叠加的特殊历史时期。

——2015 年 10 月，提出安全生产“四个第一”的定位，即经济建设第一要求、企业生产第一需求、社会进步第一追求、个人成长第一诉求。

——2015 年 11 月，探索总结出中国特色安全生产发展道路。

——2016 年 5 月，提出中国安全生产工作四大历史使命：维护社会财富、维护人民幸福、维护社会稳定、维护国家形象。

——2016 年 11 月，提出安全生产“八完”功效：机器设备的完备、现场管理的完善、指标任务的完成、形象声誉的完美、社会责任的完全、人际关系的完好、生命健康的完整、幸福生活的完满。

——2017 年 2 月，提出中国安全生产领域必须进行一场深刻的革命。

——2017 年 6 月，提出建设智能型、创新性、开放型安全监察队伍。

——2018 年 12 月，提出企业职工应当成为“五者”—— 安全生产规律的遵行者、安全生产规则的执行者、安全生产职责的履行者、安全生产道德的践行者、安全生产科学探索的先行者。

——2019 年 12 月，提出社会主义安全生产“四低”目的，就是促进经济社会低生命代价、低财富代价、低资源代价、低环境代价发展；提出社会主义安全生产三大规律：以人为本、按劳分配、齐抓共管。

以上系列安全思想和安全论断，将会在安全生产实践中逐步显示出巨大效力。

有志于进行安全生产理论探索创新的远远不止笔者一人，据 2017 年 4 月 26 日《中国安全生产报》报道，浙江省晋云县安监局邹贵亮自 2007 年以来，将抓好安全生产监督管理作为一个大课题，不断探索和实践，构建更加完善的安全生产监督管理理论体系。2014

年，他的专著《企业安全管理策略》出版；2015 年，专著《安全底线思维》出版；2016 年，《深度透视中国安全生产焦点问题》出版；2017 年，《安全生产监管基础》完成。邹贵亮说："思考得越多，就越有紧迫感，总感觉时间不够用。人的一生有限，我将竭力完成对安全生产基础科学的研究，为构建安全生产监管新格局贡献一分力量。"

笔者是一名企业基层党务工作者，出于对中国安全生产工作大局的关心，以及对安全生产事业的无比热爱，对安全生产理论进行了潜心钻研，并已取得了深感自豪的成果。个人或少数几人的力量总是有限的，如果中国成千上万的实力雄厚的大中型企业都能在安全生产理论探索研究上多一些关注、支持和投入，中国安全生产理论将会呈现出一副多么美丽的百花齐放的景色啊！

企业是安全生产的主体，必须担当起安全生产的主体责任，这是一个基本的社会常识。在探索研究和创新发展安全生产理论学说方面，企业既有光荣职责，又有便利条件，特别是那些发生过安全事故的企业，付出了鲜血、生命和物质财富的高昂代价，更应从中吸取血的教训，获得真知灼见，在安全生产理论方面取得更加深刻的认识和更加科学的理论，这样，既将企业安全生产工作水平提高一步，又将安全生产理论研究向前推进一步。

恩格斯高度重视理论，将理论同政治、经济相并列，作为无产阶级进行斗争的三种重要的形式。他指出："一个民族想要站在科学的最高峰，就一刻也不能没有理论思维。"(中共中央编译局，1972a)

恩格斯还指出："无论对一切理论思维多么轻视，可是没有理论思维，就会连两件自然的事实也联系不起来，或者连二者之间所存在的联系都无法了解。在这里，唯一的问题是思维得正确或不正确，而轻视理论显然是自然主义地、因而是不正确地思维的最确实的道路。"(中共中央编译局，1972a)

2016 年 12 月 9 日，中共中央、国务院印发《关于推进安全生产领域改革发展的意见》，指出："加强安全生产理论和改革研究。"面对这一要求，中国广大企业应当积极行动，迎难而上，在安全生产理论创新上取得新成果，从而为指导企业安全生产工作提供科学的指导思想。

中国的安全生产工作包括企业安全生产工作，必须加快走上科学化、规范化、现代化、高级化的道路，这就一刻也不能没有理论思维。借助理论思维，将初步的、分散的、尚不系统的安全认识、安全做法和安全经验加以整理、概括，上升到规律性的认识，不断丰富和发展中国特色安全生产理论，进而指导安全生产实践，这正是中国工人一项重大的安全生产使命。

第四节　创新安全管理

中国工人要成为安全科学探索的先行者，必须在探索安全生产科学管理上下功夫，不断创新安全管理科学方法。

管理在企业发展、经济社会发展乃至整个人类社会发展进步中的巨大作用，已经被越来越多的人所认同和重视，在安全生产工作上也是如此，要抓好企业安全生产工作，离开安全管理是不可想象的。

管理一开始就是人类的一项最基本的社会活动，人类产生之初就有了管理。这是因为，人类是以结成一定的社会关系为特征的，社会生活离不开协调、配合和控制，这就需要管理。从历史记载的古今中外的管理实践来看，被称为世界奇迹的埃及金字塔、巴比伦古城、中国万里长城，其宏伟的建筑规模早已生动地证明了人类卓越的管理和组织能力，同时也反映出管理的巨大威力。

中外许多学者都认为，一个现代化的文明社会需要三根支柱：科学、技术和管理。国际上一致认为，国与国之间的差距，表面上是经济的差距，本质上是科技和管理上的差距，将管理提高到无与伦比的重要地位。尤其在现代条件下，人类活动的规模越来越大，一项大工程或大科技的组织开展可能需要动用数以万计的人员、上百亿元的资金、上千万吨的物资材料，管理的作用就更加突出。

对于管理，马克思明确指出："一切规模较大的直接社会劳动或共同劳动，都或多或少地需要指挥，以协调个人的活动，并执行生产总体的运动——不同于这一总体的独立器官的运动——所产生的各种一般职能。一个单独的提琴手是自己指挥自己，一个乐队就需要一个乐队指挥。一旦从属于资本的劳动成为协作劳动，这种管理、监督和调节的职能就成为资本的职能。"（中共中央编译局，1975b）马克思在这段话里，鲜明地指出共同劳动、分工协作就必须进行管理，当许多人在一起为了实现共同的目标进行劳动时，就需要统一指挥，以协调许多人的活动，对共同劳动的指挥，就是管理最基本、最普遍的职能和作用。

列宁指出："资本主义在这方面的最新发明——泰罗制——也同资本主义其他一切进步的东西一样，有两个方面，一方面是资产阶级剥削的最巧妙的残酷手段，另一方面是一系列的最丰富的科学成就，即按科学来分析人在劳动中的机械动作，省去多余的笨拙的动作，制定最精确的工作方法，实行最完善的计算和监督制等。苏维埃共和国在这方面无论如何都要采用科学和技术上一切宝贵的成就。"（中共中央马克思恩格斯列宁斯大林著作编译局，1972b）

那么，什么是管理呢？古典管理理论的代表人物之一、法国的法约尔对管理所下的定义是："管理，就是实行计划、组织、指挥、协调和控制。"

美国著名管理学家孔茨认为，管理就是"为在正式的有组织的集体中工作着的人们建立一个有效的环境""通过人和借助人而把事情做好"。

加强管理是人类社会发展的必然要求，是由人们在生产劳动过程中的协作性质所决定的。经济发展固然需要丰富的资源和先进的技术，但更重要的还是组织经济的能力，即管理能力。在研究国与国之间的差距时，人们已经把着眼点从技术差距转到管理差距上来。

先进的技术，必须要有先进的管理与之相适应，否则落后的管理就不能使先进的技术得到充分发挥。

管理的重要性是同生产力发展水平紧密相连的。在生产力水平较低、协作规模不大时，生产乃至整个社会对管理提不出很高的要求，管理的重要性并不明显。但是随着科学技术的发展、生产工具的改进、分工的细化以及协作规模的扩大，社会就会产生对管理的巨大要求，这一状况存在于任何性质的社会形态之中。

在当今社会化大生产条件下，管理的作用和地位同以往相比更加重要，抓好管理更为紧迫。科学技术越先进、生产规模越大、劳动的社会化程度越高、市场竞争越激烈，管理工作就越复杂、越重要。

尽管管理如此重要，但是中国企业不重视管理工作的现象却普遍存在、长期存在，包括对安全生产管理不重视的现象也同样如此，这是导致中国企业安全生产水平不高的一个重要原因。这个问题不解决，中国安全生产工作形势被动的状况就无法扭转。

1986 年 12 月 23 日，上海市安全生产工作会议指出："从这些事故的情况来看，没有什么复杂的技术问题，主要还是管理上的问题。因此，我们首先要从管理上找原因。不少事故看起来发生在职工身上，如冒险操作、盲目蛮干，其实归根到底还是由于我们企业在安全管理上处于松散的状态。有的企业虽然抓了，但是没有抓在点子上，抓得不严。我们有句话，抓而不紧，等于不抓。在这个问题上，我要给大家敲一敲警钟。"

1987 年 6 月 8 日，国务院发出《关于加强安全生产管理的紧急通知》，对企业安全生产及管理专门提出要求：企业及其主管部门一定要加强安全生产管理工作，认真贯彻执行安全生产方针、政策和法规。在对有关的经济、技术问题决策时，必须考虑到安全生产，并相应作出规定。要加强安全生产目标管理，制定考核办法，要把安全生产指标作为考核企业的重要指标，达不到的企业不能升级，也不能评为先进。企业要迅速建立健全安全生产的规章制度，制定防止事故发生的各项措施;要层层落实安全生产责任制,严格执行规章制度,严禁违章指挥、违章操作、违反劳动纪律和无知蛮干等不安全行为。企业要对安全生产情况定期进行检查,及时消除设备、作业施工场所等方面的事故隐患和各种不安全因素。出现事故苗头,必须及时采取措施防止事故发生,事故发生后要及时报告和调查处理。

1995 年 2 月 22 日,全国企业管理工作会议指出:"管理不严,纪律松弛,这是当前一些企业的管理中普遍存在的问题。有的企业有章不循,制度形同虚设,劳动纪律、工艺规程不能严格地遵守和执行,甚至违章指挥,违章操作;有的企业现场管理脏乱差,跑冒滴漏现象比比皆是,生产经营运行秩序混乱,安全事故经常发生。"

1997 年 10 月 20 日,国务院办公厅转发劳动部《关于认真落实安全生产责任制的意见》时指出:"重大、特大事故接连发生,给国家和人民生命财产造成重大损失,影响经济发展和社会稳定。究其原因,一个突出的问题是安全生产责任制不落实,表现在一些单位措施不力、管理不严、规章制度不健全、违章现象严重、事故隐患得不到及时消除等。"

1999 年 9 月 22 日,党的十五届四中全会通过的《中共中央关于国有企业改革和发展若干重大问题的决定》指出:"必须高度重视和切实加强企业管理工作,从严管理企业,实现管理创新,尽快改变相当一部分企业决策随意、制度不严、纪律松弛、管理水平低下的状况……强化基础工作,彻底改变无章可循、有章不循、违章不纠的现象。"

"企业在安全管理上处于松散的状态""管理不严,纪律松弛""制度不严、纪律松弛、管理水平低下的状况"和"无章可循、有章不循、违章不纠的现象",都说明中国企业管理包括企业安全生产管理水平的低下,提高企业安全生产工作水平就必须走出一条新路。中国企业在安全生产管理上制度不严、纪律松弛、因循守旧、水平低下的状况再也不能延续下去了。

企业是安全生产的主体和根本，企业安全生产状况直接关系全国安全生产工作大局，中国企业安全生产管理几十年来一直在低水平徘徊，没有明显的改进提高，这也是导致中国安全生产形势严峻的重要原因之一。

中国企业安全生产管理水平的真实状况，通过以下案例的深入剖析，就可以清楚得知。

2011年7月23日，甬温线浙江省温州市鹿城区双屿路段发生特别重大铁路交通事故，导致40人死亡，191人受伤。

2011年12月25日，国务院批复的《"7·23"甬温线特别重大铁路交通事故调查报告》，在分析事故暴露出各有关方面的主要问题时指出："上海铁路局安全生产责任制不落实，安全基础管理薄弱，执行应急管理规章制度、作业标准不严不细，对职工安全教育培训不力；相关单位(部门)安全管理不力，对职工履行岗位职责和遵章守规情况监督检查不到位；相关作业人员安全意识不强，在设备故障发生后，没有及时采取有效措施，未能起到可能避免事故发生或减轻事故损失的作用；上海铁路局有关负责人在事故抢险救援中指挥不妥当、处置不周全，在社会上造成不良影响。"

《"7·23"甬温线特别重大铁路交通事故调查报告》专门指出了事故预防和整改措施建议，强调要"切实强化高铁运输安全管理"，指出："切实强化高铁运营中的安全管理。要科学规范地设置内部机构和界定职能，解决内部机构不规范、职能交叉错乱、权责不一、协调不力等问题；要坚持依法行政，采取有力措施，有效防止行政不作为、行政乱作为，做到不越位、不缺位、不错位，确保政府部门法定监管职能落实、工作到位；要健全完善高铁建设、运营和管理的安全生产责任体系，根据机构设置职责规定，全面明确决策层、管理层、作业层每个岗位的安全职责，完善责任追究和考核奖惩制度，形成完善的谁主管、谁负责的安全生产责任体系，全面落实安全生产责任制；要在健全完善运输管理规章、制度，切实增强针对性、约束性、有效性和可操作性的同时，强化规章、制度执行力，保证规章、制度的执行效果。”

早在1999年9月27日，中共中央政治局委员、国务院副总理吴邦国就指出：“管理是企业永恒的主题。目前，我国国有企业管理方面的问题不少，这是造成一些企业生产经营困难的重要原因。强化企业管理，提高科学管理水平，是建立现代企业制度的内在要求，也是工业企业扭亏增盈、提高竞争力的重要途径……企业的各个层次、各个环节都要订立制度，实行严格的责任制，令出法随，奖罚分明，彻底改变无章可循、有章不循、违章不究、规章制度形同虚设的现象。”

制定制度、完善制度、有章可循、照章办事，这是任何一个企业最起码的管理方法和运行方式。在“7·23”甬温线特别重大铁路交通事故中负有重大责任的上海铁路局，在制度建设和执行方面居然如此松懈，又如何确保安全生产呢？

鉴于管理在经济社会中的巨大作用，以及安全管理在安全生产工作中的巨大作用，要提高中国安全生产工作水平，就必须不断探索和完善安全生产领域的科学管理，在这方面，每一名中国工人都应当积极探索，大胆创新，有所作为。

加强企业管理的一个重要目的就是调动企业职工的工作积极性。1980年6月24日，美国全国广播公司的广播电视网播出了一个特别节目，题目是“日本办得到，为什么我们办不到？”节目内容主要是介绍日本企业由于生产效率高、产品质量好而取得良好业绩，播出后在观众当中引起强烈反响。美国质量管理专家戴明教授在评论时指出：“美国生产企业效率低的问题，85%是管理问题，是如何调动职工积极性的问题。”

美国达阿尼·P·舒尔兹指出：“今天所有企业面临的一个重要问题是怎样激励它的雇员更有效地工作。不管是提高实际工资还是发放奖金，一旦雇员们认为这是理所应当的，它就不再具有提高工人生产率的效果。今天，金钱已不再像以前那样是主要的激励因素了。”

舒尔兹进一步明确指出："如果传统的经济性诱因不再起作用，那就必须建立新的激励工人的方法。所有工作人员的生产率、满足感以及社会总的效率，依赖于是否能找到能使人们更认真工作的适当的激励来源。"

日本丰田公司的领导者也指出："光靠提高工资和福利保健等的劳动条件还不能成为积极地调动干劲的主要因素。仅仅在经济方面、物质方面给予满足不行，人不是光凭这一些而劳动的。"

仅凭工资奖金和福利待遇还不能充分地调动工人的工作积极性，那该采取什么样的管理方法才能更好地调动工人的积极性特别是安全生产工作积极性呢？

在中国众多企业当中，在探索创新安全生产科学方法方面取得积极成果的也有不少，湖北省襄樊市卫东控股集团有限公司就是其中的一个优秀代表。

湖北卫东公司作为一家高危行业的企业，探索、推行了一套以该公司董事长顾勇命名的安全管理模式——"顾氏管理法"。这一管理法将企业的所有工作都以安全为核心来开展，持续改造物的不安全状态和人的不安全行为，企业的本质安全得到大大提升，被湖北省人民政府授予"安全管理示范企业"称号，得到国家安监总局和国防科工局的充分肯定，其经验值得借鉴和推广。

2010 年 8 月 31 日，国家安全生产监督管理总局 2010 年第 17 期《调查研究》刊登了《"顾氏管理法"造就企业本质安全》一文，介绍了"顾氏管理法"的主要内容和取得的成效。编者按中指出："全面加强企业安全管理，夯实安全生产基础，不断提高企业本质安全水平，是贯彻落实《国务院关于进一步加强企业安全生产工作的通知》精神的具体要求，也是促进我国安全生产形势实现根本好转的有效途径。湖北襄樊卫东控股集团有限公司在安全生产中的顾氏管理法，将公司一切工作都以安全为核心来开展，创建以尊重人、保护人、塑造人为目标的企业安全文化，以科技进步、企业管理为手段，持续改造物的不安全状态和人的不安全行为，实现企业本质安全，为高危行业领域的企业提供了一个成功的安全管理范式，也给其他行业企业的安全管理提供了借鉴。”

创新安全管理，从培养和增强工人对安全生产工作的情感入手，也是一个很好的方法。

孔子曾说：“知之者不如好之者，好之者不如乐之者。”意思是说，懂得它的人不如爱好它的人，爱好它的人又不如以它为乐的人。这句话就给了我们安全管理上的一个启示，就是培养工人的安全生产情感，让中国工人不仅爱好安全生产，而且以安全生产为乐，也是调动工人安全生产积极性的有效方法。

对人有价值、有意义、有利益的事物，人们都会喜爱，而且在情感上也显得十分亲近，比如才能、财富、荣誉、权力等，但所有这些加起来，也不如安全对人的价值和意义大，因为安全直接关系到一个人的生命存在与否，对一个人而言是最重要、最宝贵的。因此，从道理上讲，每个人都应当对安全有着最深厚的情感，应当十分喜爱安全，十分向往安全。

然而，在实际工作中却不是这样，有的人不仅不喜爱安全，甚至还厌烦安全生产，对安全生产工作持一种冷漠、排斥、躲避的态度，令人匪夷所思。

情感是人们对于周围事物、对于自身，以及对于自己活动的态度的体验。它是意识的一种外部表现。情感不同于感知，两者有着本质上的差别。感知是独立存在的客观事物在人脑中的印象，而情感则是主体对于外界事物给予肯定或否定的心理体验。其体验于内的成为感情，如爱、恨、亲、疏等；表现于外的成为表情，如喜、怒、哀、乐等；体验于实践活动过程中的兴奋状态成为情绪，如兴奋、低落、激动、平静等。

情感是一种复杂的心理活动，它可以使主体体验对周围事物和自身活动的感受，同时主体也可以通过表情来表达态度和沟通情感。

情感还是人们的意识活动的主要动力之一，有深厚情感的人，就会有强大而持久的精神动力；而缺乏情感的人，在工作中就容易觉得枯燥乏味、没有意思，因而缺乏耐心。

在安全管理上进行革命，培育企业职工的安全情感，就是要焕发出职工对安全生产工作的热情，激发强大动力。

培育职工的安全情感，必须让职工深刻懂得抓好安全生产工作对自身而言具有极其重大的利益和意义，这样才会真正热爱和亲近安全生产工作。

第一，抓好安全生产是法律的规定。

《宪法》第四十二条规定："国家通过各种途径，创造劳动就业条件，加强劳动保护，改善劳动条件。"《安全生产法》第六条规定："生产经营单位的从业人员有依法获得安全生产保障的权利，并应当依法履行安全生产方面的义务。"

第二，抓好安全生产是企业的要求。

安全生产是企业的生命，所以企业一般都会重视安全生产工作，制定本企业的安全生产规章制度，要求全体职工严格遵守，这本身也是中国《安全生产法》所明文规定的。

《安全生产法》第四条规定："生产经营单位必须遵守本法和其他有关安全生产的法律、法规，加强安全生产管理，建立、健全安全生产责任制和安全生产规章制度，改善安全生产条件，推进安全生产标准化建设，提高安全生产水平，确保安全生产。"

《中华人民共和国公司法》第十五条规定："公司必须保护职工的合法权益，加强劳动保护，实现安全生产。"

第三，抓好安全生产是职工自身的需要。

安全生产状况的好坏，同企业职工的利益息息相关，直接关系到他们的生命安危，无数惨烈的重特大安全事故一再证明了这一点。1960 年 5 月 9 日，山西省大同市老白洞煤矿瓦斯爆炸，死亡 684 人；2000 年 12 月 25 日，河南省洛阳市东都商厦发生特大火灾，导致309人死亡；2005年2月14日，辽宁省阜新矿业（集团）有限责任公司孙家湾煤矿发生特别重大瓦斯爆炸事故，造成214人死亡，30人受伤。

危害职工生命的当然不只是重特大生产安全事故，一般事故、较大事故同样也在危害着他们的生命，所以就必须消除一切事故，就必须尽全力抓好安全生产。

安全生产状况的好坏，不仅直接关系到职工的生命安危，还直接关系到企业及经营管理者的经济收入，这自然也会影响到职工的收入水平。

《安全生产法》第一百零九条规定：发生生产安全事故，对负有责任的生产经营单位除要求其依法承担相应的赔偿等责任外，由安全生产监督管理部门处以罚款。此外，国家安全生产监督管理总局还于2007年7月发布《生产安全事故罚款处罚规定》，对发生生产安全事故的单位及有关责任人员的经济处罚做出了具体规定。

发生生产安全事故，直接影响企业职工的生命安全和身体健康，同时出事企业还会受到经济处罚，既削弱企业的经济实力，又影响企业的形象声誉，这些都会直接或间接地影响到职工的收入。为了保障自己的正当利益，企业职工也必须抓好安全生产工作。

第四，抓好安全生产是人的全面发展的保证。

马克思明确指出："任何人的职责、使命、任务就是全面地发展自己的一切能力。"（中共中央编译局，1960）

企业职工当然也要全面地发展自己的一切能力，但是必须有一个根本前提，就是他必须能够生存，只有活着才有个人全面发展的可能。

在企业安全管理工作中，经常会说这样一句话：努力实现从"要我安全"到"我要安全"的转变。怎样才能使职工实现这样一个根本性的转变呢？培养他们对安全生产工作的深厚情感，是一个十分有效的方法。

在企业安全生产管理工作中，还有这样一种说法：抓安全，宁听骂声，不听哭声。这种说法是非常荒谬的。抓安全，就是为了保障职工的安全健康和发展前程，是真真正正、实实在在地维护职工的根本利益，是关爱职工、保护职工的直接体现，怎么会挨骂呢？培养职工对安全生产的深厚情感，企业组织开展安全生产教育、培训、检查、考核、奖励、惩处，都会得到职工的拥护和称赞。

抓好安全生产，是法律对企业职工的要求，是企业对职工的要求，是保护职工自身生命安全和身体健康的需要，是实现职工自身全面发展的保证。可以说，实现安全生产，对职工而言利益极大；引发安全事故，对职工而言损害极大，这是十分明显的。因此，所有的企业职工都应当竭尽全力抓好安全，都应当真心真意地热爱安全。有了这种深厚、真挚的情感，企业在组织开展安全生产工作时，就会得到职工的欢迎和支持，就更容易取得预期的成效。

培育职工对安全生产工作的深厚情感，使广大职工关注安全、热爱安全、亲近安全，愿意为拥有安全而不懈努力，对于企业而言是一种全新的管理思路和方法，目前还没有被许多企业所认识、所应用。这种安全情感管理法同以往的单纯注重用安全生产法律法规和规章制度来严格规范职工的方法相比，更加注重职工的内心认可和自觉自愿，是一种人性化的管理方法，有其独有的优势。这两种管理方法相互配合，使职工在安全生产工作中既有外在压力、又有内在动力，既有硬性规定、又有柔性约束，将会取得一加一大于二的良好成效。培育职工的安全情感，是企业安全管理革命的一项重要内容，应当予以高度重视。

调动工人安全生产积极性，还要注重在工厂企业内部形成一个良好的环境和氛围，这就需要坚持正确的安全导向，使大家向着同一个目标前进。

推行安全导向管理　凝聚最大合力

——对我国石油石化行业创新安全管理的思考

塔里木油田公司东河油气开发部　简新

抓好安全生产管理涉及内容很多，其中坚持正确的安全生产工作导向是一项十分重要的基础工作，它关系到石油石化企业及职工对安全生产的认识高度、重视程度、投入力度，可以说直接关系石油石化企业安全生产工作的成败。推行安全导向管理，是对我国传统的安全管理方式方法的重要创新，对于提高我国石油石化行业和企业的安全生产管理水平具有重要作用。

美国著名安全生产学者海因里希在《工业事故预防》一书中提出了十项工业安全公理，其中第二项是“人的不安全行为是大多数工业事故的原因”。那么，人的不安全行为又是什么引起的呢？是人的不安全思想。这就同安全生产导向有着非常直接的关系。

安全生产工作具有长期性、艰巨性、复杂性、反复性等特点，石油石化企业安全生产尤其如此。要抓好安全生产工作，就必须最大限度地调动全体职工的积极性、主动性、创造性。为此，首先必须统一广大职工的安全思想——只有思想统一，才有行动统一，这是早已被无数事实所反复证明了的。

企业是安全风险的承载者、生产安全事故的承受者、安全责任的承担者，其在生产运营过程中，所承载的安全生产风险隐患是非常多的。对于石油石化企业而言，具有高温高压、易燃易爆、有毒有害、连续生产、野外作业等特点，这给石油石化企业抓好安全生产工作带来了巨大的困难和严峻的挑战。

那么，石油石化企业应当如何应对呢？科学的应对方法，就是依靠广大石油石化职工——依靠他们的统一的安全思想和安全行为，从而凝聚最大的安全生产合力，除此之外别无他途。

坚持正确安全生产导向，就是在有关安全生产的认识和评价上，对与错、荣与辱、福与祸都必须十分明确、十分坚定、十分公正，并得到全体石油石化职工的一致认同和拥护，从而引领职工的安全生产思想和行为正确发展。

在“对与错”上坚持正确导向

对安全生产对与错的认识和评价，是安全生产导向最根本、最重要的内容，不能有任何的差错和含糊。

凡是有利于安全生产的思想和行为都是对的、凡是不利于安全生产的思想和行为都是错的，这本是天经地义、理所应当的，但在一些石油石化企业却还要花费很大力气才能确立——因为在某些情况下，对的不一定就会受到职工欢迎，错的也不一定受到职工抵制，这种不正常现象必须坚决加以扭转。

人都有追求省时、省事、省力的心理倾向，这种心理倾向在日常生活中有其存在的合理性，但是决不能将这种心理倾向引入安全生产领域，否则就很有可能引发安全事故。现代工业生产伴随机器和机器体系而诞生，要使这种生产持续、稳定地进行下去，就必须使劳动者适应和遵循机器生产运行的规律，就必须使劳动者严格遵守国家安全生产法律法规和企业各项安全生产规章制度；而要严格遵守安全生产法律法规和规章制度，往往意味不“省时、省事、省力”。

机器生产所具有的规则性、划一性、秩序性、连续性，要求企业必须制定最严格的纪律，要求职工必须遵守最严格的纪律，这就要求职工减少和消除自由性、随意性，将自己的思想和行动统一到法律法规和规章制度上来。通俗地讲，就是要求职工在生产过程中“只有规定动作，没有自选动作”，这是保障安全生产的起码要求，违反这一要求，迟早一定会引发事故。在安全生产中我们总是强调“不碰红线、不越底线”，而要做到这一点，首先必须在职工头脑中树立牢固的“思想防线”，也就是对的必须坚持、错的必须反对，只有这样才能在安全生产实际工作中做到不碰红线、不越底线。

在“荣与辱”上坚持正确导向

对安全生产荣与辱的认识和评价，也是安全生产导向中的重要内容。荣誉和耻辱，是两个根本对立的道德概念。人们在社会实践中，对于什么是荣誉、什么是耻辱的问题，形成了一定的看法，这就是荣辱观。不同阶级、国家、集团的荣辱观各不相同，有的甚至大相径庭。正如恩格斯所指出的：“每个社会集体都有它自己的荣辱观。”

荣誉范畴一般包括3个方面，一是履行和完成社会义务；二是由此而得到的社会称赞；三是由此而产生的个人的尊严感和自豪感。

坚持正确的安全生产导向，必须树立正确的安全生产荣辱观，也就是“四荣四耻”：以重视安全为荣、以漠视安全为耻，以学习安全为荣、以不学安全为耻，以掌握安全为荣、以不懂安全为耻，以实现安全为荣、以引发事故为耻。坚持安全生产“四荣四耻”，就能给职工树立鲜明的导向，引导他朝着正确的目标前进。

美国社会学家怀特提出了一条“怀特定律”，指出：一个人如果体验到一次成功的喜悦，就会激起他一百次追求成功的欲望。

树立正确的安全生产荣辱观，就应当对那些在安全生产工作中“做得对、做得多、做得好”的职工予以表扬，而对“做得不对、做得不多、做得不好”的职工予以批评。那些受到表扬的职工在体验到一次成功的喜悦后，就会以更强的信心和更大的动力继续在安全生产工作中追求上进，以取得更好的成绩和更多的荣誉；反之，那些在安全生产工作中做得不好的职工在受到批评后，就有可能改变原先的错误思想和行为，向先进和榜样看齐。

对职工在安全生产上荣与辱的评价应当做到公平、公开和及时，这样才会最大限度地发挥出安全生产荣辱评价的威力，督促广大职工积极践行安全生产荣辱观。

在“祸与福”上坚持正确导向

对安全生产福与祸的认识和评价，是安全生产导向中较深层次的问题。

抓好安全生产利国利民、利人利己，这是众所周知的。所以，能够抓好安全生产的职工才可能拥有幸福；相反，抓不好安全生产、引发安全事故的职工必然祸患相随，而且不仅如此，那些在安全事故中无辜受到波及的其他人员同样成为受害者。

能够抓好安全生产、实现安全生产的职工才可能会拥有幸福，毋庸置疑。由于实现了安全生产，职工免遭生产安全事故的伤害，所以他就会拥有生命健康的完整，进而可能有更完美的职业形象，获得良好的人际关系，以及完满的幸福生活；反之，如果他没有安全生产，所有这些都不存在。特别是作为肇事者，如果违反了安全生产法律法规及规章制度，不仅会受到企业处罚，还可能会引发生产安全事故，造成对其他职工和群众的伤害，造成社会财富的毁损，因而必须承担相应的法律责任，并受到道德良知的强烈谴责，这自然毫无幸福可言。

2011 年 5 月 27 日，日本北海道一辆特快列车在一处隧道发生火灾，有 36 人在火灾中受伤，无人死亡，6 节列车被烧毁。这一事故引发日本全国舆论哗然。北海道铁道公司社长中岛尚俊在 9 月 12 日失踪前留下多封遗书，在遗言中说，“自己为今年 5 月铁路出轨事件深感愧疚，只能以死谢罪”。为了让所有北海道铁道公司的职工牢记这次事故，公司决定，永久保存这次事故中被烧毁的 6 节车厢，以示警醒。

安全是福、事故是祸，拥有安全才可能拥有幸福，而造成事故只会招来祸患，这还只是一个浅层次的认识；更深一层的认识，则是拥有安全的人，其本人才可能有福，进而其亲人才可能有福；而没有安全的人，不仅其本人不幸，其亲人同样不幸。也就是说，拥有安全，受益者不仅是其本人，还会惠及更多的人；同样，由于丧失安全而招祸的人，受害者也不仅是其本人，也会牵连更多的人。

可见，企业职工因生产安全事故不幸遇难，对其本人来说是巨大的灾祸，同时也会给他们的亲属带来巨大的伤痛，而且这种伤痛将会相伴终生！人人都愿意拥有幸福，而不愿招来灾祸，因此就应当抓好安全生产工作，消除安全隐患，远离安全事故。坚持正确安全导向，使广大企业职工认清安全是福、事故是祸，就会进一步激励职工抓好安全生产，而且这种动力将会长久甚至终生相伴，所起作用之大难以估量。

推行安全导向管理

推行安全导向管理，对于石油石化企业安全生产的成败至关重要。安全导向正确，是安全生产之福；安全导向错误，是安全生产之祸。坚持正确安全导向，对于安全生产上的对与错、荣与辱、福与祸公开提出称赞或批评、支持或抵制的意见，实际上就是在凝聚最大安全生产合力，引领广大职工沿着正确的目标、方向和道路前进，这必将为提高石油石化企业安全生产水平带来重大而深远的影响。

当前，中国石油集团正在积极创建世界一流示范企业，这就给安全生产工作提出了更高的标准和要求。在石油石化企业推行安全导向管理，能够创造良好的安全生产环境，形成正确的安全生产导向，在企业内部建立一种自我激励、持续改进、良性循环的内生机制，推进安全生产工作迈上新台阶，展现新面貌，这将为中国石油集团创建世界一流示范企业提供更加可靠的安全保障。

原载2020年第3期《现代职业安全》杂志

对于企业安全工作而言，研究和解决管理方法、管理制度等问题，掌握安全生产管理知识是基础。特别是当今时代，在科技进步和市场竞争的推动下，社会活动包括生产经营活动的规模越来越大、变化越来越快、影响因素越来越多，对社会安全平稳运行和企业安全生产的要求越来越高；相应地，对安全生产管理知识的创新发展也提供了有利条件。中国众多企业和几亿劳动者的丰富实践，也在持续增加安全生产管理知识，为安全生产科学知识的宏伟殿堂增添着新的内容。只有这样，才能更好地要向管理要秩序、要速度、要效益、要安全。

第五节　探索安全知识

知识就是力量。在安全生产领域，安全知识就是实现安全生产无事故的强大力量。一方面全社会对安全生产科学知识探索研究不足，广大工人安全知识普遍欠缺，另一方面又期望取得良好的安全工作成效，这是无法实现的。与此同时，对于安全生产所涉及的社会、思维、自然三大领域内的相关课题，人类还缺乏科学的认知，甚至还存在许多错误的认识，这种状况不改变，安全生产工作是抓不好的，这就要求中国工人积极探索安全生产领域新的知识，使人类的安全生产知识宝库不断扩充和完善。

提到“知识就是力量”，人们往往会想到现代科学之父、英国著名思想家弗兰西斯·培根（1561—1626），因为他在《新工具》一书中提出了这一名言，所以人们也就自然而然地将这一名言的发明权归属于他了。然而，世界上最早提出“知识就是力量”的人，并不是英国的培根，而是中国东汉时期伟大的唯物主义哲学家王充（27—约97）。他在其名著《论衡》中早就对知识就是力量进行了理论上的论证，明确提出“人有知学则有力矣”的观点。王充深刻地认识到，人在同自然、同社会斗争时，只凭靠自身的肢体力量，能够做成的事非常小、非常少，因而就需要知识来弥补，否则人就无法生存。他将知识渊博的儒生同勇力过人的大力士相比，认为，就力气来讲，儒生是不能同大力士相比的；但力士之力只能扛鼎拔旗，而儒生的力量却能推进生存、改造社会、提升文明，这是力士所无法比拟的。因此，王充大声疾呼，全社会都要重视知识、学习知识、尊重儒生、重用儒生。

王充在东汉时期就明确提出知识就是力量，充分肯定知识分子的先进性，大力倡导尊重知识、尊重知识分子，充分展现了一位思想家的远见卓识，这是中华民族的光荣和骄傲。在21世纪的今天，在当今知识经济时代，更加凸显王充这一光辉论断的科学性和预见性。

1982年，美国未来学家约翰·奈斯比特在其《大趋势》一书中明确指出："我们现在大量生产知识，而这种知识是我们经济社会的驱动力。"

20世纪90年代初，美国阿斯奔研究所等单位联合组建信息探索研究所，在其出版的《1993—1994年鉴》中，以《知识经济：21世纪信息时代的本质》为总标题，发表了6篇论文，指出："信息和知识正在取代资本和能源而成为创造财富的主要资产，正如资本和能源在300年前取代土地和劳动力一样。"

1996年，经济合作与发展组织(OECD)发表题为《以知识为基础的经济》的报告，将知识经济定义为"建立在知识和信息的生产、分配和使用基础上的经济"，并指出其主要成员GDP中60%以上是以知识为基础的。

人类社会的全部发展历史，充分证明了知识的巨大作用和威力。特别是在当今知识经济时代，各种学科交叉、渗透、融合，知识和科技的更新速度日益加快，知识总量的增长呈现出明显的加速度。据统计，人类的知识19世纪每50年增加一倍，20世纪中叶每10年增加一倍，20世纪末以来每3年增加一倍。所谓"知识爆炸""信息爆炸"不是预测想象，而是客观现实。正是知识的迅速增加和快速传播，才推动了经济社会的持续发展和物质财富的大量涌现，使人类财富总量和生活水平达到了前所未有的高度。

在现代科学技术革命的条件下，生产不仅对劳动工具和劳动对象，而且对劳动者提出了更高的要求，所以，终生学习就应运而生。一个在现今条件下进行生产的工人，在其几十年的职业生涯当中不得不多次学习新技术、新工艺，否则就会被不断发展着的科学技术所淘汰。

同人类知识总量的加速度增长相适应，安全生产方面的知识也应当同步增加，否则安全生产工作就会成为阻碍经济社会发展的瓶颈。对此，西方发达国家在安全生产科学知识方面的探索研究十分重视，并且已经达到相当广泛和精细的程度。

1937 年 3 月 18 日，美国得克萨斯州新伦敦社区学校的供暖系统发生天然气泄漏，由于当时天然气没有特别的气味，所以没人察觉到这一危险。后来，学校机修厂的一名老师启动了一台电动设备，迸出的电火花引燃了泄漏的天然气并发生爆炸，造成大约 300 人死亡。由于爆炸发生时临近放学时间，所以死者大多是学生、老师和来访家长。这次事故成为美国历史上伤亡最惨重的校园事故，这一天被当地媒体称为一代人陨落的悲剧之日。

事故发生后，得克萨斯州立法机关召开紧急会议，制定了《工程登记法》。同时，为了减少天然气泄漏带来的安全问题，得克萨斯州立法机关要求在天然气中添加硫醇，使天然气含有臭鸡蛋似的刺激性气味，以便人们在发生天然气泄漏后能够立即察觉和处置。这项标准很快被全美以及世界各国采纳和执行。

人一生的大部分时间，都是在人工制造的物质空间和环境中度过的，这个物质空间的状况怎样、供人使用的空间和机器设备的设计布置如何，不仅对劳动者的工作绩效，甚至对他的安全健康都有着直接影响。对此，西方国家有关学者进行了深入研究并得出了明确结论。

比如，对于站姿时水平作业面的高度，欧美国家有关实验表明，一般应当低于肘部 5 厘米至 10 厘米为好。以地面为基准，男子的站姿水平作业面平均高度约为 104 厘米至 107 厘米，女子约为 84 厘米至 97 厘米。为了适应多种形式的操作，还对三种具体作业方式的站立作业面高度进行了明确界定，详见表 5.1。

表 5.1　适于三种作业方式的站立作业面高度

单位:厘米

作业方式	男	女
1. 肘部支撑进行的精确操作	109～119	103～113
2. 轻便的装配操作	99～109	87～98
3. 繁重的工作	85～101	78～94

对于坐姿时水平作业面的高度,比如写字台的高度,美国学者贝克斯(Bex)1971 年在欧洲几个国家调查研究的基础上,认为以 28.5 英寸(72 厘米)为宜;同时,出于实验和对人体测量资料的考虑,他推荐的高度是 27 英寸(68.5 厘米),并积极主张只要方便,应该使用可以调节高度的桌子。

同西方发达国家高度重视对安全生产知识的研究探索相比,中国安全生产领域内科学知识的探索和增加远未得到应有的重视,宣传和普及远未达到应有的程度,这是直接影响中国安全生产和安全发展的一个重大失策,这一状况无论如何都不能再持续下去了。

国家标准化管理委员会于 2009 年 10 月 15 日发布的《生产过程危险和有害因素分类与代码》,列出了四类危险和有害因素。对于危险和有害因素,我们目前的认识是很有限的,同时也是浅层次的,这些因素对安全的影响以及它们之间的相互关系还需要下大力气去研究探索,去深入分析,这样才能使我们的认识从片面变为全面、从表面变为深入、从模糊变为清晰,也只有这样才能在安全生产工作中更加科学地防范这些危险和有害因素,才能更加有效地管控安全生产工作。

对于这条因素对安全生产的影响,马克思在《资本论》一书中早就进行了深入分析并得出了明确结论:在同一投资中,固定资本的各个要素有不同的寿命,从而也有不同的周转时间。例如在铁路上,铁轨、枕木、土建结构物、车站建筑物、桥梁、隧道、机车和车厢,各有不同的执行职能的期间和再生产时间，从而其中预付的资本也有不同的周转时间。建筑物、站台、水塔、高架桥、隧道、地道和路基，总之，凡是在英国铁路上称为技术工程的东西，多年都不需要更新。最易磨损的东西是轨道和车辆。

最初修建现代铁路的时候，有一种看法很流行，并得到最优秀的有实际经验的工程师的赞同。按照这种看法，一条铁路可以百年不坏，铁轨的磨损极不明显，以致从财政和实用两方面都不必加以注意；当时估计，好的铁轨的寿命为100～150年。但不久的实际表明，铁轨的寿命平均不超过20年，当然这取决于机车的速度、列车的重量和运行次数、铁轨本身的厚度以及其他许多次要因素。在某些火车站或大的交通中心，铁轨甚至每年都有磨损。大约在1867年开始采用的钢轨费用比铁轨约大一倍，而耐用时间却长一倍多。枕木的寿命为12～15年。至于车辆，货车的磨损要比客车的磨损大得多。机车的寿命，按1867年的计算，是10～12年。

磨损首先是由使用本身引起的。一般来说，铁轨的磨损和列车的次数成正比。速度增加时，磨损增加的比例大于速度增加的平方；就是说，列车的速度增加到两倍时，磨损则增加到四倍以上。

其次，磨损是由于自然力的影响造成的。例如枕木不仅受到实际的磨损，而且由于腐朽而损坏。

铁路养路费的多少，主要不是取决于铁路交通引起的磨损，而是取决于暴露在大气中的木、铁、砖、石等物的质量。严寒冬季一个月给铁路造成的损害，比整整一年的铁路交通所造成的损害还要严重。

最后，在这里和在大工业的各个部门一样，无形损耗也起着作用。原来值40000镑的车厢和机车，10年之后，通常可以用30000镑买到。因此，即使使用价值没有减少，也必须把这些物资由市场价格所引起的25％的贬值计算在内(中共中央编译局，1975b)。

马克思的这段论述，对于我们抓好安全生产工作有哪些启示呢？

第一，安全生产工作的成败、好坏，不能靠想象，不能单凭经验，只能靠实践。

第二，对安全生产有影响的因素，包括主要因素和次要因素。要保证安全生产，首先要重视主要因素，同时也不能忽视次要因素。

第三，对安全生产技术的研究探索，第一个层次是定性研究，第二个层次是定量研究，定性研究和定量研究相结合，才能对影响安全生产的各种因素有一个科学认识和准确把握，才能制定出具有针对性的措施。

第四，影响安全生产的不仅有人工因素，而且有自然因素，这两个方面都要予以高度重视。

第五，人们对安全生产技术方面知识的认识，有一个不断深化和提升的过程，总是由知之不多向知之较多转变。因此，面对新技术、新工艺、新设备、新材料，我们应当心存敬畏，少一份松懈，多一份谨慎，这才是对待安全生产的科学态度。

《生产过程危险和有害因素分类与代码》中第二部分“物的因素”当中，“室外作业场地环境不良”部分列出了 18 种危险和有害因素，其中第 1 种是“恶劣气候与环境”，第 9 种是“建筑物和其他结构缺陷”，而这两种因素一旦同时存在将会引发巨大灾祸。

1989 年 8 月 12 日 9 时 55 分，中国石油天然气总公司管道局胜利输油分公司黄岛油库老罐区，2.3 万立方米原油储量的 5 号混凝土油罐爆炸起火，大火共燃烧 104 个小时，烧掉原油 4 万多立方米，占地面积 250 多亩的老罐区和生产区的设施全部烧毁，这起事故造成直接经济损失 3540 万元。在灭火抢险中，10 辆消防车被烧毁，19 人牺牲，100 多人受伤；其中消防人员牺牲 14 人，负伤 85 人。有大约 600 吨油水在胶州湾海面形成几条十几海里长、几百米宽的污染带，造成胶州湾有史以来最严重的海洋污染。

事故发生后，社会各界积极行动起来，全力投入抢险灭火的战斗。在大火迅速蔓延的关键时刻，党中央和国务院对这起震惊全国的特大恶性事故给予了高度关注。江泽民总书记先后 3 次打电话向青岛市人民政府询问灾情。李鹏总理于8月13日乘飞机赶赴青岛，在火灾现场指导救灾。李鹏明确要求："要千方百计把火情控制住，一定要防止大火蔓延，确保整个油港的安全。"

山东省和青岛市的负责同志及时赶赴火灾现场进行指挥，青岛市全力投入灭火战斗，党政军民1万余人全力以赴抢险救灾，山东省各地市、胜利油田、齐鲁石化公司的公安消防部门，青岛市公安消防支队及部分企业消防队，共出动消防车147辆、消防人员1000多人；青岛市黄岛区组织了几千人的抢险突击队，出动各种船只10艘。

在国务院统一组织下，全国各地紧急调运了15吨泡沫灭火液及干粉。北海舰队也派出消防救生船和水上飞机、直升机参与灭火，抢救伤员。

经过连续几天几夜的浴血奋战，8月14日19时大火扑灭，16日18时油区内的残火、地沟暗火全部熄灭，黄岛灭火取得了决定性的胜利。

经过调查分析，确定黄岛油库特大火灾事故的直接原因是非金属油罐本身存在的缺陷，遭受对地雷击产生感应火花而引爆油气。

混凝土油罐只重储油功能，大多数因陋就简，忽视消防安全和防雷避雷设计，安全系数低，极易遭受雷击。1985年7月15日，黄岛油库4号混凝土油罐就曾遭受雷击起火。

对于这起损失惨重的特大火灾事故，李鹏明确提出："需要认真总结经验教训，要实事求是，举一反三，以这次事故作为改进油库区安全生产可以借鉴的反面教材。"

因为"恶劣气候与环境"而引发安全事故的远不止黄岛油库火灾这一起。2013年7月1日18时，山西省棉麻公司侯马采购供应站露天存储的棉垛遭受雷击引发火灾，造成直接经济损失4838万元，没有人员伤亡。经过各方全力扑救，大火于7月4日12时被完全扑灭。经过调查分析，确定这次火灾的直接原因是强地闪引发棉垛起火。

从以上两起因雷击而产生的火灾事故可以看出，有关企业对于生产过程危险和有害因素当中的“室外作业场地环境不良”关注和重视不够，特别是对于“恶劣气候与环境”和“建筑物和其他结构缺陷”情况不明，防范措施心中无数，结果就导致发生因自然因素而产生的安全事故。这足以说明，在安全生产领域，安全知识就是实现安全生产无事故的强大力量，要想实现安全生产，必须依靠安全知识，广大工人再也不能轻视安全生产科学知识的探索、学习和应用了！

恶劣气候与环境对安全生产有着明显的影响和妨碍，应当引起高度关注，而实际上，自然因素的变化对安全生产的影响是多方面的，即便是普通的天气变化也不能掉以轻心，而必须科学应对，正确处置。

针对夏天容易对危险化学品企业工艺设备平稳运行和人员工作状态产生不利影响，2020 年 7 月 16 日，北京市应急管理局发布安全提示，提醒北京市各企业在高温时段避免进行运输、装卸易燃易爆危险化学品的作业，露天作业时间宜在早晚进行；同时雷雨天气禁止危化品装卸作业。

北京市应急管理局还提醒各企业，要密切关注掌握气象预报和灾害预警信息，严格落实企业安全生产主体责任，针对重大风险、重点设备、重点环节、重点部位开展隐患排查治理，及时消除安全风险隐患，严防自然灾害引发安全事故。严禁企业超温、超压、超负荷生产，必要情况下要适当降低生产负荷，发现初期险情要及时处置。要组织开展防高温、防汛专项应急预案和现场处置方案的演练，储备必要的应急物资，提升应急处置能力。遇到紧急汛情时，要根据应急预案安排生产或紧急停车。

实践出真知。实践没有止境，人类对科学知识的探索掌握就没有止境，安全生产领域的实践和探索也是如此。近年来，笔者对安全生产领域的许多课题进行了探索攻关，其中包括对预防高处坠落事故进行研究探索，并取得了积极进展，进一步丰富和扩展了这方面的科学知识。

2008年的一天，笔者在新疆塔里木油田生产前线开发事业部东河作业区的公寓2层宿舍中，看到作业区的一名女服务员站在窗台上擦玻璃。当时她整个身体都站在窗户外侧，背朝外，面朝内，右手抓着窗户的金属框，左胳膊尽量往远处伸，手拿着抹布清洁窗户玻璃。

笔者进入宿舍就看到这样一幅景象，当时马上就想严厉制止。由于害怕声音大吓着她而引发意外，就缓步走到离窗户一米多远的地方，用正常音量和语速平和地对她说："你在擦窗户啊。"服务员就说："嗯。"我又说："你手抓紧了，先下来，和你说个事，一定要小心。"服务员应了一声，随后顺利地从窗台上下来。

这时我就非常严厉地对她说："你刚才非常危险，你知道吗？以后决不允许再这样！"服务员脸上露出不是很明白的样子（可见以前经常这样擦玻璃，没人提醒过她要防范危险）。我就接着说："这个窗台距外面地面的高度有5米，下面全是水泥地面，如果发生意外，后果将非常严重，是我们承受不起的！"服务员这时说："这是领导早上刚布置的工作。"

我说："擦玻璃是小事，保证生命安全是大事，擦个玻璃还要冒生命危险，太不值得了。你先打扫室内卫生，玻璃就别擦了，我这就同你们领导沟通一下。"

随后，我同相关人员进行了沟通交流，指出了服务员在2层楼窗台无任何防护擦玻璃的巨大风险和严重后果，明确要求今后严格禁止类似的窗台劳动。此后，东河作业区公寓2层及3层的窗户玻璃不再人工清洁，改为人员在地面用水管冲洗。

2020年5月20日，两名工人到笔者所在的塔里木油田东河油气开发部6楼油气藏地质研究所办公室安装纱窗。一人在没有任何防护的条件下就站到窗台上开始了安装。我当即担忧地问："你们这样不怕出什么意外吗？"站在窗台上的工人说："我的身体不会探出窗户的，不要紧。”因为害怕继续和他说话会让他分心，会更不安全，我就暂时沉默了。另一名工人听了我这句话有所触动，就伸出一只手拽住了在窗台上安装纱窗的工人的前面衣襟。大约3分钟左右纱窗就安装好了，窗台上的工人跳下窗台，工作全部结束。

这时我又说道：“这是高空作业，你们清楚吗？很危险的。”刚才安装的工人说：“我会注意的，没啥。”

看到他仍然没有意识到刚才经历的重大风险，我就拿出“塔里木油田安全禁令”，说：“我是关心你们的生命安全，才和你们多说几句。这种操作属于高处作业，安全禁令第四条，严禁未经防护进行高处作业。你们不能只看室内窗台到地板大约1米左右，而应当看到办公室在6楼，窗台到外面地面是十多米高，万一发生意外，就太危险了。”

工人师傅说：“这样的工作，我会小心的。”

我说：“很多风险，并不是你注意、小心就一定能避免的，而且，这种风险的后果特别严重，就更应当按照规定来进行。”两人点头称是。

通过以上两个案例可以看出，在2层楼及以上楼层窗台上进行擦玻璃、安装纱窗等作业，作业人员及其所在单位负责同志普遍没有认识到这实际上属于高处作业，自然也就不会按照高处作业的要求进行安全防护。问题的关键就在于，2层及以上楼层室内窗台作业，究竟属于什么性质的作业——是普通（平地）作业，还是高处作业？

详细分析一下窗台作业安全风险的具体情况，大致包括两种情况：

第一种情况，窗台作业人员从窗台上朝着室内地面跌落。

高楼楼层房间（包括办公室和居民住宅）窗台距离室内地面大多在1米左右，人员从窗台上朝着室内地面跌落，一般来说所受伤害不会很严重。

第二种情况，窗台作业人员从窗台上朝着室外地面跌落。

2层及以上楼层室内窗台距离室外地面的垂直距离是多少，计算方法很简单：一层楼高度乘以（楼层数－1）加1米。就算是在2

楼，窗台距离室外地面一般也有3.5米以上，坠落高度已经远远超过2米，当然属于高处作业。

可见，在2层及以上楼层室内窗台上进行相关作业的人员承载的风险有两种，一种是从窗台上朝着室内地面跌落，另一种从窗台上朝着室外地面跌落；面对这种状况，我们应当将高楼2楼及以上室内窗台作业列为什么性质的作业？很明显，必须将它看作高处作业——只有这样，才能引起作业人员的重视并做好相关防护工作，确保作业人员的生命安全和窗台作业顺利进行。

建设部2003年4月17日印发的《建筑工程预防高处坠落事故若干规定》（建质〔2003〕82号），第二条规定：本规定适用于脚手架上作业、各类登高作业、外用电梯安装作业及洞口临边作业等可能发生高处坠落的施工作业。

该文件第四条规定：施工单位应做好高处作业人员的安全教育及相关的安全预防工作。

（1）所有高处作业人员应接受高处作业安全知识的教育；特种高处作业人员应持证上岗，上岗前应依据有关规定进行专门的安全技术签字交底。采用新工艺、新技术、新材料和新设备的，应按规定对作业人员进行相关安全技术签字交底。

（2）高处作业人员应经过体检，合格后方可上岗。施工单位应为作业人员提供合格的安全帽、安全带等必备的安全防护用具，作业人员应按规定正确佩戴和使用。

该文件第二条规定指出，“本规定适用于脚手架上作业、各类登高作业、外用电梯安装作业及洞口临边作业等可能发生高处坠落的施工作业”。在2层及以上楼层室内窗台上的作业，有可能从窗台上朝着室外地面跌落，因此必须将它看作高处作业；同时严格按照第四条所规定的“施工单位应做好高处作业人员的安全教育及相关的安全预防工作”抓好落实。

正确认识到“窗台作业属于高处作业”并广泛宣传，且严格执行建设部《建筑工程预防高处坠落事故若干规定》(建质〔2003〕82 号),具有重要意义。一是后果严重性,高处坠落本身后果就十分严重;二是紧迫性,属于高处作业而人们普遍没有意识到是高处作业,就更加危险;三是广泛性,中国每天有无数高楼室内窗台作业——包括窗台施工作业、宾馆清洁玻璃、居家清洁装扮玻璃、学生在教室擦玻璃,甚至还有几岁的小孩子在自家高楼住宅的窗台(或阳台)上玩耍,并经常发生坠落的惨剧。如果我们大力宣传“窗台作业属于高处作业”,就可使有关作业人员提高警惕、心怀敬畏,做好避免坠落的防范工作,这既是以人为本的体现,也是安全管理的紧迫要求。

高处坠落事故一旦发生,非死即伤,后果特别严重,必须严加防范。国家标准局 1986 年 5 月 31 日发布、于 1987 年 2 月 1 日起实施的《企业职工伤亡事故分类标准》,将伤亡事故分为 20 类,其中第九类就是高处坠落。但是建设部的这一文件却存在着一个十分明显的疏漏,就是在第二条的规定中,没有将高楼室内窗台作业包括进来,这就给中国每天无数高楼室内窗台作业人员的生命安全造成了巨大隐患。

根据笔者的探索研究,高楼室内窗台作业包括安装玻璃、安装纱窗、清洁玻璃、安装窗户装饰灯等,属于高处作业。

随着中国城市化进程的加快,城市人口日益增多,全国各地有无数栋高楼大厦,每天都有无数人在窗台上进行各种作业,但他们并没有意识到自己正在进行具有高度风险性的高处作业,一旦发生意外后果极其严重,因而也就不会进行相应的安全防护——这样,全国各地每天都有几十万甚至上百万人处于高度危险之中,这是一幅多么可怕的场景!明确高楼室内窗台作业就是高处作业,让全国人民都清楚地认识这一点,在进行此类作业时首先做好相关防护工作,防止空中坠落等意外事故的发生,将会挽救多少人的生命和幸福啊!

笔者对于“高楼室内窗台作业”所进行的探索研究,进一步深化了对高处作业的认识,增加了安全知识,得出了科学论断,指出了严重后果,明确了防范措施,就能取得巨大的生命效益、民生效益、社会效益和经济效益，这足以说明，探索和增加安全生产领域的科学知识，将会取得多么巨大的回报，这也正是中国工人在确保岗位工作安全进行的同时应当承担的一项光荣职责。

安全科技是安全生产工作的先导。抓好安全生产工作，必须更多地依靠科技进步，这在国际上早已形成共识。然而严峻的现实是，中国安全生产科技发展严重滞后于经济社会的发展，在科学技术整体中属于发展落后领域。

1978年10月10日，邓小平同志指出："六十年代前期我们同国际上科学技术水平有差距，但不很大，而这十几年来，世界有了突飞猛进的发展，差距就拉得很大了。同发达国家相比，经济上的差距不只是十年了，可能是二十年、三十年，有的方面甚至可能是五十年。"（中共中央文献编辑委员会，1994）

同世界发达国家科技水平相比，中国科技水平比较落后；而在中国科学技术领域，安全生产科技又严重滞后于经济社会的发展。这样，中国的安全生产水平同世界发达国家相比就更加落后了，差距可能是20年、30年甚至更大，这种状况是中国工人阶级和广大工人不能接受的。在安全生产领域，中国工人必须当好安全科学探索的先行者，面对安全生产科技难关攻坚克难、力争上游，为中国乃至世界安全生产水平的不断提高做出中国工人的应有贡献，这就是当代中国工人崇高的安全生产使命。

必须正视的是，在科学研究探索中，失败远大于成功。科学探索者很多时候不能取得进展，而碰到的似乎是无法逾越的障碍。只有曾经探索过的人们才懂得，真理的小小钻石是多么的罕见难得，但一经开采琢磨，便能经久、坚硬而闪亮。

英国物理学家、数学家开尔文指出："我坚持奋战五十五年，致力于科学的发展。用一个词可以道出我最艰辛的工作特点，这个词就是失败。"

英国物理学家、化学家法拉第也指出，就是最成功的科学家，在他每十个希望和初步结论中，能实现的也不到一个。

在科学探索的道路上，到处都布满荆棘，安全生产科学探索也是一样。然而，新发现给人以激励，使过去挫折和失败所造成的沮丧失望涤荡一空，从而使科学家工作干劲倍增，同时也让他的同事受到激励。一项新发现为科学探索的进一步发展创造了有利条件，也使所有的科学探索先行者从中得到鼓舞，受到启发，进一步坚定信心，向着既定目标前进。

中国工人阶级有志气也有能力在安全生产科学探索领域做出自己的贡献，实现从原先追赶世界先进水平到与世界先进水平并行、再到超越世界先进水平的巨大跨越。

第六章　争当五者　安全倍增

生产劳动是人类创造正常生活所必需的物质财富和精神财富的有目的的活动，是人们生活、发展以及取得个人成就所必不可少的。诸如食品生产、商品制造、能源开发以及服务业等都不能脱离生产操作过程和对原材料的加工作业。但不幸的是，上述过程在一定程度上都将对作业人员的生命安全和身体健康产生危害，特别是在风险社会更是如此。在当今风险企业，广大工人已经成为风险工人，成为安全风险的直接承载者、安全事故的直接承受者、安全责任的直接承担者，当然也就成为各种危险和有害因素的面对者和化解者。

面对当今风险社会、风险企业和风险生产，中国工人阶级队伍要维护好生命安全和身体健康权益，必须当好“五者”——安全生产规律的遵行者、安全生产规则的执行者、安全生产职责的履行者、安全生产道德的践行者、安全生产科学探索的先行者，大力实施“安全能力倍增计划”，争取用10年左右的时间，将自己的安全能力提高一倍，用安全生产方面的高素质来应对生产和生活中的高风险、高危害。

通过中国工人阶级的团结拼搏和无私奉献，中国用70多年时间实现了从落后的农业国到世界制造大国的历史性跨越，几乎走完了西方发达国家200多年的工业化历程，这当然是一项重大成就。与此同时，西方发达国家在200多年工业化历程当中分阶段出现的纷繁复杂的安全生产问题也在中国集中出现，给中国经济社会科学发展带来严重危害，给中国工人阶级的根本利益带来巨大损害。为了扭转这种情况，中国工人阶级就必须在抓好生产、为国家和人民创造更多的社会财富的同时，对安全生产工作更加重视，勇攀安全生产科学高峰，在中国安全生产事业中奋勇争先，建功立业。

然而，由于我国还处于社会主义初级阶段，生产力不发达，加之很多生产企业经济实力有限，安全生产投入不足、安全业务培训不够，很多基层工人的安全生产素质能力和所处的安全生产环境却令人深深担忧。请看报道：

我们在井下看到的

——对湖南部分煤矿一线矿工的调查手记（上）

曹　渝　周　舟（湖南师范大学学生）

《人民日报》编者的话：3 月 26 日，湖南师范大学五名大学生撰写的《湖南煤矿工人心理安全感的影响因素和提升策略》，被送往国家安监总局，李毅中局长阅后非常重视。

曹渝、周舟、文迪、毛雪峰、陶嫦娥，这五个普通的名字，可能会在当代中国煤矿安全生产史上留下可贵的一笔。在长达两年的时间里，他们行程 3500 公里，走访湖南 30 多个煤矿，访问矿工 566 人，对煤矿工人的工作环境和心理安全状态，进行了深入调研。

我国现有煤矿的安全生产措施，多侧重于生产技术和生产管理。加强对矿工心理安全的研究，或许能给决策层全新的启发。

本报编辑约请调查组成员，将他们的所见所闻、所思所想记录下来，告诉读者。

2006 年 7 月 22 日，湖南省常德市澧县某煤矿。

下井时，我们一直贴着井壁，以防失脚掉到铁桶车铁轨上去。听他们老矿工讲，有名工友就是掉到铁桶车轨上摔死的。

井下很黑，一片死寂让人顿觉胸闷，呼吸困难。只能隐约看到矿灯的光亮，行走必须借助矿灯——跟黑暗打交道的矿工们，最要紧的就是这盏“生命之灯”。井下 50 米处，手机就没有了信号。

巷道旁有许多废坑，据说废坑里有毒气，能够使人窒息。矿工们一直提醒我们不要靠近废坑。矿井下的空气捉摸不定，如果通风状况不好，便会引起“背灯”——也就是煤矿工人因空气稀薄窒息而死。

进入井下大约 700 米，巷道内开始有很深的积水。脚下是积水，身上却很热，很难受。采矿区气温接近 40 摄氏度，煤矿工人就半裸着下井。下井之后，挖一个水坑，一半工人挖煤作业，一半先泡在水里，轮流上岗。

看到此景，我们不禁想起上半年调查的一位老矿工说的事儿，地底下的洪水无法阻挡。有一次，他下矿挖煤，发现不对劲，听见稀啦稀啦的响声，马上叫出同伴们，结果真的是洪水涌破了巷道，那一次抽水就用了两三天时间。如果没有经验，碰到洪水了也未察觉，除了被淹没在洪水中，就毫无办法。

据随行矿工介绍：为减少投资，有些煤矿只有简单的排水通风设备；为节约材料，部分煤矿企业的巷道只建 1.6 米高，并且采用杂木代替松木做顶板支护；在采掘面，缺乏必要的注水和洒水等备用设备，支架不整齐，浮煤堆积厚。

这些做法都不符合国家的安全标准，极大地威胁了矿工的人身安全。很多小煤窑采煤主要是靠火药将石岩炸开。很多煤矿都发生这样的事情：火药点燃了，最前线的工人没听到铃声，还不知道发生了什么事情就已失去了生命。企业的安全欠账将煤矿工人置于极其危险的处境中。

矿井里煤尘多，空气很差。矿工们告诉我们，在这样的环境干活，呼吸都觉得吃力：戴口罩吸气不行，不戴口罩鼻子嘴巴都是煤尘。刚从井里出来的煤矿工人，除了眼珠是亮的，全身各个部位都是黢黑的。

从井下上来，快到井口时，我们感觉两腿发软，但一直强撑着。当见到阳光、呼吸到新鲜空气时，我们觉得平时就在身边的平常东西显得比以往更珍贵。回到家后，我们聊到此次调查，唏嘘不已。而且，腿都不行了，两腿膝关节发热疼痛，两三天才好转。煤矿工人每天都要上下井，并且在井下干活七八个小时，他们的辛苦程度可想而知。

原载 2007 年 4 月 12 日《人民日报》

除了这篇新闻报道，2007 年 4 月 13 日《人民日报》还刊登了对湖南部分煤矿一线矿工的调查手记的下篇《我们在井下听到的》。

从《人民日报》的两篇报道当中可以看出，部分煤矿企业“这些做法都不符合国家的安全标准，极大地威胁了矿工的人身安全”“安全欠账将煤矿工人置于极其危险的处境中”“很多矿工都是农民，文化素质较低，且外地人居多，没有什么技术，只能靠出卖劳动力为生”；煤矿工人在安全生产上“每天上下班，把菩萨都敬一下，放心些”，既反映了煤矿工人对安全生产的麻木无知、安全技能水平低下，又反映出他们心理上的恐惧和精神上的压力。这些情况说明，中国煤矿企业的安全生产状况严峻到了何种境地，煤矿工人的安全保障状况又危险到了何种境地！

2007 年 9 月 27 日，温家宝同志在北京会见全国煤炭工业劳动模范和先进集体代表时指出，我国煤炭行业年产煤量达到 23 亿吨，有力地支撑了国民经济的发展，党和人民不会忘记 550 万名煤矿工人所做的重大贡献。温家宝提出，要爱惜每一位矿工的生命，把安全生产作为政府和企业的重要职责，时时刻刻都要当作头等大事来抓；要加强技术培训，提高职工科学文化水平和业务技能，普及安全知识，实现煤矿安全生产。

要做到温家宝同志所说的“爱惜每一位矿工的生命”，当然需要全社会方方面面的大力协作，而最根本的还在工人自身——要维权，首先是工人要有维权意识和维权能力，自己要努力争取。

抓好安全生产工作是一项世界级难题，在向这一世界级难题进军的艰难征程中，许多发达国家早就在进行探索攻关，并取得了诸多重要成果，不仅使人类大大深化了对安全生产的认识，而且开发了许多防止事故、保障安全的新方法、新技术。然而，人类对预防和消除生产安全事故的“战斗”远未取得胜利，安全事故对人类造成的危害年复一年，触目惊心。

1997 年，联合国秘书长安南发表了《职业卫生与安全——一项全球、国际和国家议事日程中的优先任务》，指出：1948 年，联合国全体会议通过的《世界人权宣言》确认，所有人享有公正和良好的工作条件和权利。令人遗憾的是，全世界仍有数亿人在人的尊严和价值被漠视的条件下工作。据估计，每年共发生 2.5 亿起事故，导致 33 万人死亡。另外，有 1.6 亿工人罹患本可避免的各种职业病，而为数更多的工人，其身心健康和福利状况受到各种威胁。这些职业性伤病所造成的经济损失，相当于全球国民经济产值的 4％；至于由此所导致家破人亡和社区破坏而带来的损失，则难以计数。

安全生产无国界，在经济全球化的时代背景下更是如此。生产安全事故所造成的巨大人员伤亡和经济损失，不仅仅是某一个国家或地区的，而是世界各国共同的伤亡和损失，其中当然也包括中国；而且由于中国安全生产水平较低，中国生产安全事故造成的人员伤亡和经济损失更大，中国工人阶级和企业职工更有责任、更有义务在安全生产领域奋起直追、迎头赶上，一方面提高中国安全生产工作水平，另一方面为提高世界安全生产水平做出贡献。

抓好安全生产工作，根本在人，必须坚持以人为本，在提高人的安全素质上下功夫。

工人阶级在创造社会财富的同时还要确保人民群众的安全健康，确保经济社会发展有一个安全稳定的社会环境，确保社会主义中国在世界上保持良好的形象声誉，确保中国工人阶级为世界安全生产做出应有贡献。为了实现这“四个确保”，工人阶级就必须抓好安全生产工作，因此就必须争当“五者”，大力提升自身的安全生产业务能力——实施“安全能力倍增计划”，既是一个有效载体，更是一项战略举措。

2007年6月29日，《人民日报》刊登国家安全生产监督管理总局局长李毅中的文章《我国安全生产的形势和任务》，指出，安全生产是工业化过程中必然遇到的问题，先进工业化国家普遍经历了从事故多发到逐步稳定、下降的发展周期。研究表明，安全状况相对于经济社会发展水平，呈非对称抛物线函数关系，可划分为4个阶段：一是工业化初级阶段，工业经济快速发展，生产安全事故多发；二是工业化中级阶段，生产安全事故达到高峰并逐步得到控制；三是工业化高级阶段，生产安全事故快速下降；四是后工业化时代，事故稳中有降，死亡人数很少。安全生产的这种阶段性特点，揭示了安全生产与经济社会发展水平之间的内在联系。当人均国内生产总值处于快速增长的特定区间时，生产安全事故也相应地较快上升，并在一个时期内处于高位波动状态，我们把这个阶段称为生产安全事故的“易发期”。但“易发”并不必然等于事故高发、频发。我国安全生产具有政治、制度优势和后发优势。通过借鉴先进工业化国家的经验教训，可以取长补短、后来居上。

安全事故“易发”并不必然等于事故高发、频发，实际结果怎样，从根本上讲还是取决于工人的安全生产素质能力。工人阶级是国家的主人，是生产资料的主人，是工厂企业的主人，必须当好“五者”，不断增强自身安全意识和能力，成为安全生产和自身命运的主人，既要在立足岗位建功立业时确保安全，也要在我国安全生产的宏伟事业中建功立业。

当好“五者”，大力实施“安全能力倍增计划”，努力提高工人的安全生产业务能力，具体要提高和增强哪些方面呢？

一是使安全目标提高一倍。

每个工人都制定自己在安全生产方面的奋斗目标，比如实现年度安全生产无事故、发电100万度无事故、产煤10万吨无事故等；实施“安全能力倍增计划”，要求工人树立更大的志向，将自己的安全生产目标提高一倍，努力创造一流的安全生产指标。

二是使安全意识增强一倍。

增强安全生产意识是防范事故、保护自己的第一道防线。在安全意识上提高一倍，就是更加注重安全、更加珍爱生命，将安全放在最优先的位置，开展任何岗位工作首先考虑安全，在安全意识上增强一倍。

三是使安全知识增加一倍。

注重通用安全知识的学习，了解安全生产的重大意义，掌握一般安全生产常识、安全生产基本原理和基础理论，使工人在安全生产应知应会上增加一倍。

四是使安全技能提高一倍。

进一步加强安全业务技能培训，在掌握安全生产规章制度、操作规程、操作技能、事故应急处理措施、自身安全生产权利义务等方面提高一倍。

五是使安全道德、安全责任感增强一倍。

强化“我为人人、人人为我”的安全理念，增强自身安全道德修养，树立和践行安全荣辱观，使工人的安全道义、安全良知和安全责任感增强一倍。

与此同时，还要积极实施在华外籍工人“安全能力提升计划”，提高正在我国工作的外籍工人的安全生产能力。

一个人的成长发展过程，通常要受到家庭、学校、社会等多方面的影响，从心理学的角度讲就是三个“影响源”在起作用。

正常来说，一个人出生以后，会受到父母的关爱，在家庭和亲人的保护、教育和影响下，形成对社会的初步认识。因此，在一个人的童年时期，家庭对他的影响最大，心理学上将家庭和父母称为“第一影响源”。

之后，这个人会进入学校接受系统的教育。在他的青少年时期，大部分时间是在学校环境里成长，受到教师的教诲，在学习、生活、思想、品德等方面受到教师的熏陶。在一个人的青少年时期，学校对他的影响最大，心理学上将学校和教师称为“第二影响源”。

再之后，这个人会步入社会，进入一个企业或其他某个单位工作，有一个自己的工作岗位，在工作、学习、生活、思想政治上长期受到社会、单位以及周围领导和同事的影响，心理学上将社会和单位称为“第三影响源”。

从时间上讲，“第三影响源”对人的影响时间最长；从利害关系上讲，“第三影响源”对人的影响程度最大。因此，在让工人当好“五者”、实施“安全能力倍增计划”当中，必须充分发挥企业“第三影响源”的巨大作用，持续开展全员安全培训工作，将职工塑造成安全工人，成为安全生产方面的专家内行。

我国在安全生产工作上一直倡导“安全生产，人人有责”的理念，这一理念增强了人们的安全意识，提醒着岗位人员履职尽责。“安全生产，人人有责”这句话是从一般意义上讲的，适用于各行各业、每一个人；对于工人来说，由于所从事工作的特殊性，所担负的安全责任比其他人更多、更大，就更应当带头执行。随着以人为本理念的日益深入人心，越来越多的人更加关注安全生产，在落实“安全生产，人人有责”方面，许多人已经走在了工人的前面。

2014 年 5 月 16 日，国务院安委会办公室召开 2014 年全国安全生产万里行工作动员视频会议，会上向安全生产形象大使唐国强、刘劲、卢奇、郭凯敏、牟炫甫颁发了聘书，唐国强等 5 人发出了“安全生产，从我做起”的倡议，具体内容如下：

安全生产　从我做起

——国家安全生产形象大使倡议书

各位领导、各位朋友：

担任国家安全生产形象大使，我们深感责任重大、使命光荣。

我们看到过车祸、火灾，从电视、网络上感受过因生产安全事故逝去亲人的惨痛。每一起事故之后，当年幼的孩子痛失父母，当年轻的男女痛失爱人，当年迈的父母痛失儿女……我们每一位朋友一定都能更深切地体悟到，平安是福，什么都比不上好好地活着。“高高兴兴上班去、平平安安回家来”，这个简单而又朴实的愿望，是我们党和政府对百姓的责任，是我们企业对员工的责任，更是我们每一个人对父母、对爱人、对自己的责任。风险无处不在，安全生产，人人有责。在此，我们郑重倡议：安全生产，从我做起。

我们渴望，各级党委政府始终牢记习近平同志关于发展决不能以牺牲人的生命为代价的要求，始终坚持以人为本、生命至上、安全发展的理念，把安全看作人民群众的第一需求，把安全生产当成最大的民生、最好的政绩、最重要的软实力，作为各级党委政府的最高职责，真正把安全作为发展的前提，坚决不要带血的GDP。

我们渴望，每一个生产经营单位都追求“零事故、零伤亡”目标，强化“企业不消灭事故、事故就消灭企业”的意识，真正把安全作为第一责任、第一效益、第一品牌和最核心的竞争力，自觉履行企业安全生产主体责任，严格落实安全生产法规制度，坚持做到不安全不生产。

我们渴望，每一位公民都牢记安全生产权利义务，增强不伤害自己、不伤害别人、不被别人伤害的意识和能力，将遵守安全法规制度看作最基本的社会公德和职业道德，当成自己、他人和家庭承担的最大责任，从小事做起，不让一个烟头、一次超速成为自己无法弥补的遗憾和亲人无法平复的伤痛。

让我们从自己做起，从现在做起，为了家庭和谐平安，为了人民幸福安康，为了祖国安全发展，为了实现中华民族伟大复兴的中国梦，携手并肩，共同奋进！

倡议人：唐国强、刘劲、卢奇、郭凯敏、牟炫甫

2014 年 5 月 16 日

2017年9月，为了发动社会各界进一步关注消防、学习消防、参与消防，推动落实单位消防安全责任、提升公众消防安全素质，黑龙江省公安消防总队在黑龙江省启动了“全民消防我代言”119大型公益活动，邀请了100名具有高度社会责任感和广泛影响力的公众人物、3000名具有代表性的社会各界人士代表以及社会消防志愿者积极参与，拍摄了具有消防内容并符合本人身份的宣传海报和公益宣传广告，配以符合其身份的消防宣传语，并在119消防宣传月期间在黑龙江省的城市、乡镇、农村的公共场所广泛投放和张贴悬挂。2017年9月30日，《黑龙江日报》刊登了13位公众人物的12条消防宣传语，具体如下：

敬一丹（知名主持人）：“自己多一分小心，家人少一分担心。”

张丽莉（全国见义勇为最美人物）：“传道授业解惑，教师之责；消除火灾隐患，你我之责。”

申雪、赵宏博（世界冠军）：“赛场上的成功，源于不懈的努力；生活中的幸福，来自你我用心的创造。”

卢禹舜（知名画家）：“饮者好酒，文者好墨，平安却是你我共同的追求。”

刘和刚（青年男高音歌唱家）：“唱出幸福，平安没有休止符。”

于兰（中国戏曲梅花奖获得者）：“脸谱万千，角色多变，但生命只有一次。”

张国强（演员）：“电影可以重演，生活不可重来。”

沈腾（演员）：“平安是最好看的喜剧电影，切勿因一时疏忽把喜剧变成悲剧。”

乔杉（演员）：“为您带来欢乐是我的职业，确保消防安全是大家的职责。”

王镇（世界冠军）：“竞技比赛可以从头再来，但生命经不起考验。”

刘彤（相声演员）：“让笑声在你我之间传递，让消防安全常驻你我心中。”

张翔得(知名画家):“作画少不了色彩,生活离不开安全。”

面对社会公众直接宣扬安全生产和消防安全,并不是这些社会知名人士的工作职责,但是出于对安全工作的关心,他们对安全生产和消防安全积极代言和建言,充分展示了他们强烈的安全意识和社会责任感,给社会其他各种职业的人们做出了榜样,这是值得广大工人向他们学习的。

新中国成立70多年来,各项建设事业取得了明显成就,早已成为世界经济大国,这是值得我们每一名工人自豪和骄傲的。但另一方面,中国工人阶级为之付出的生命安全和身体健康的代价也不应遗忘。

1995年8月,由中国劳动出版社出版的《劳动关系·劳动者·劳权——当代中国的劳动问题》一书,明确指出:“劳动安全卫生问题是维护劳动者最基本的合法权益,即劳动者的生命和健康保障的问题。如果这一点得不到保障,其他一切权益都将化为乌有。就这个意义而言,劳动者的劳动安全卫生问题是构成劳动者各项合法权益的基础和实现前提,是直接关系到劳动者在劳动过程中的生存权利的大问题,因而应当把重视和解决劳动者的劳动安全卫生问题,提高到基本人权的高度来认识,并将其作为稳定劳动关系、稳定社会的一项重要工作,认真对待和解决。”

然而,二十多年过去了,“作为稳定劳动关系、稳定社会的一项重要工作”的安全生产和职业健康工作至今却依然形势被动,情况严峻。

2010年3月5日,温家宝同志在第十一届全国人民代表大会第三次会议上所作政府工作报告中指出:“做好安全生产工作,遏制重特大事故发生。”

2014年3月5日,李克强同志在第十二届全国人民代表大会第二次会议上所作的政府工作报告中指出:“要严格执行安全生产法律法规，全面落实安全生产责任制，坚决遏制重特大安全事故发生。”

2018 年 3 月 5 日，李克强同志在第十三届全国人民代表大会第一次会议上所作的政府工作报告中指出：“严格落实安全生产责任，坚决遏制重特大事故。”

2020 年 5 月 22 日，李克强同志在第十三届全国人民代表大会第三次会议上所作的政府工作报告中指出：“强化安全生产责任。加强洪涝、火灾、地震等灾害防御，做好气象服务，提高应急管理、抢险救援和防灾减灾能力。实施安全生产专项整治。坚决遏制重特大事故发生。”

国务院负责同志每年在全国人民代表大会上所作的政府工作报告，对全国安全生产工作所提出的奋斗目标都是“遏制重特大安全事故”，这是一个务实的工作目标，符合我国当前安全生产实际情况。重特大安全事故的严重危害性决定了防范遏制重特大事故必须成为安全生产工作的重点，其结果直接反映了一个地区经济社会协调发展的能力、一个行业领域持续健康发展的能力、一个企业安全发展的能力。

经济社会发展和工业化进程中的安全生产问题，是一个历史性、全球性的问题，是任何一个处在工业化过程中的国家都不可避免的问题。人类在获取生产资料和生活资料的过程中，难免会受到来自自然界、作业场所以及劳动工具的伤害。在农业社会，这种伤害程度和范围十分有限；但在进入工业化、社会化大生产后，这种伤害以及安全事故大大增加，其程度和范围也增大了无数倍，仅从经济角度计算，损失也是十分惊人的。根据国际劳工组织的报告，目前全球由职业事故和职业危害引发的财产损失、赔偿、工作日损失、生产中断、培训、医疗费用等损失，约占全球国内生产总值的 4%。

世界发达国家对安全生产普遍予以高度重视，从立法、科技、资金投入、人员培训等方面大力支持，并取得了良好成效，早在几十年前就已将职业安全健康工作的重点放在职业健康保健上了，而我国则是坚决遏制重特大安全事故发生，这是一个较低的安全生产工作目标。日本著名企业家松下幸之助指出："长久地持续上班，不管怎么说，最重要的就是健康。无论有多么优越的才能，如果没有健康的话，就不能够充分极致地工作，自然会埋没自己的才能。所以每一个公司应对职工的保健问题多多费心，并且要对保健工作不断地下功夫。"在这种背景下，中国职业安全健康的直接目标还是"遏制重特大安全事故"，这就说明中国安全生产水平同世界先进水平之间的差距相当大。

中国安全生产水平同世界先进水平之间差距明显，是有特殊社会历史原因的，这就是中国用70年时间实现了从落后的农业国到世界制造大国的历史性跨越，几乎走完了西方发达国家200多年的工业化历程，导致原本是在200多年工业化历程中分阶段出现的安全生产问题在我国集中出现。对此，必须正视现实，急起直追。当好"五者"，大力实施"安全能力倍增计划"，用10年时间将全国工人的安全生产能力提高一倍，进而提高中国安全生产水平，努力建设世界安全生产大国和强国，这是中国工人的职责和使命，无可推诿，不能回避。

马克思指出："劳动过程结束时得到的结果，在这个过程开始时就已经在劳动者的表象中存在着。"（中共中央编译局，1975a）可见，最终得到什么样的安全生产结果，从根本上讲取决于劳动者本身的状况——劳动者安全意识强、安全素质高、安全道德好，结果就平安稳定；劳动者安全意识弱、安全素质低、安全道德差，结果就事故不断。

为了得到安全生产的结果，为了维护安全健康的权益，为了提高全国的安全水平，中国工人阶级和中国广大工人，努力加油啊！

参考文献

中共中央编译局,1958. 马克思恩格斯文选两卷集·第1卷[M]. 北京:人民出版社.
中共中央编译局,1960. 马克思恩格斯全集·第3卷[M]. 北京:人民出版社.
中共中央编译局,1971. 马克思恩格斯全集·第37卷[M]. 北京:人民出版社.
中共中央编译局,1972a. 马克思恩格斯选集·第2卷[M]. 北京:人民出版社.
中共中央编译局,1972b. 马克思恩格斯选集·第1卷[M]. 北京:人民出版社.
中共中央编译局,1972c. 马克思恩格斯选集·第4卷[M]. 北京:人民出版社.
中共中央编译局,1972d. 马克思恩格斯选集·第3卷[M]. 北京:人民出版社.
中共中央编译局,1975a. 资本论·第1卷[M]. 北京:人民出版社.
中共中央编译局,1975b. 资本论·第2卷[M]. 北京:人民出版社.
中共中央编译局,1979. 马克思恩格斯全集·第42卷[M]. 北京:人民出版社.
中共中央马克思恩格斯列宁斯大林著作编译局,1957. 唯物主义与经验批判主义[M]. 北京:人民出版社.
中共中央马克思恩格斯列宁斯大林著作编译局,1958a. 列宁全集·第27卷[M]. 北京:人民出版社.
中共中央马克思恩格斯列宁斯大林著作编译局,1958b. 列宁全集·第30卷[M]. 北京:人民出版社.
中共中央马克思恩格斯列宁斯大林著作编译局,1958c. 列宁全集·第26卷[M]. 北京:人民出版社.
中共中央马克思恩格斯列宁斯大林著作编译局,1958d. 列宁全集·第28卷[M]. 北京:人民出版社.
中共中央马克思恩格斯列宁斯大林著作编译局,1958e. 列宁全集·第31卷[M]. 北京:人民出版社.

中共中央马克思恩格斯列宁斯大林著作编译局,1959. 列宁全集·第2卷[M]. 北京:人民出版社.

中共中央马克思恩格斯列宁斯大林著作编译局,1960. 列宁选集·第1卷[M]. 北京:人民出版社.

中共中央马克思恩格斯列宁斯大林著作编译局,1972a. 列宁选集·第4卷[M]. 北京:人民出版社.

中共中央马克思恩格斯列宁斯大林著作编译局,1972b. 列宁选集·第3卷[M]. 北京:人民出版社.

中共中央马克思恩格斯列宁斯大林著作编译局,1984. 列宁全集·第1卷[M]. 北京:人民出版社.

中共中央文献编辑委员会,1993. 邓小平文选·第3卷[M]. 北京:人民出版社.

中共中央文献编辑委员会,1994. 邓小平文选·第2卷[M]. 北京:人民出版社.

中共中央文献编辑委员会,2016. 胡锦涛文选·第2卷[M]. 北京:人民出版社.

中共中央文献研究室,1999. 十四大以来重要文献选编(下)[M]. 北京:人民出版社.